貴志俊彦

日中間海底ケーブルの戦後史

国交正常化と通信の再生

吉川弘文館

目　次

【凡例】

（1）本書に登場する人物には、表記上の煩雑さを避けるために、敬称を省略している。とくにインタビューに応じていただいた方々にはご了承願いたい。

（2）本書に登場する人物は基本的に実名を用いているが、共同事業後四〇年あまりもたってなお企業・行政の守秘義務を守ろうとする方もわずかにおられて、その方々は氏名の代わりにアルファベットで表記している。

（3）海底ケーブルの「布設」には「敷設」という漢字が使われる場合もある。本書では、本文中は基本的に前者を使用し、資料の引用の場合のみ後者を使用している箇所もある。

【略語一覧】

AGC	自動利得調整装置
APCN	アジア・太平洋ケーブルネットワーク
C&W	ケーブル・アンド・ワイヤレス社（英）
CJ FOSC	日中間光海底ケーブル
CSCC	中国海底電纜建設公司
ECSC	日中間（同軸）海底ケーブル
FLAG	アジア—欧州間光海底ケーブル
HJK	香港—日本—韓国間海底ケーブル

JKC　日本―韓国間海底ケーブル
JSNP　日本衛星中継協力機構（ジャパン・サテライト・ニュースプール）
KCS　国際ケーブル・シップ株式会社
KDD　国際電信電話株式会社
KEC　KDDエンジニアリング・アンド・コンサルティング
MARCAS　リモートコントロール式海底ケーブル探査・埋設機
MOL　株式会社商船三井
NTT　日本電信電話株式会社
OCC　日本大洋海底電線株式会社
OKITAI　沖縄―台湾間海底ケーブル
OLUHO　沖縄―ルソン―香港間海底ケーブル
SAFEC　東南アジアケーブル
SBSS　中英海底系統有限公司（中）
SEA-ME-WE3　東南アジア―中東―西欧を結ぶ光海底ケーブル
SPT　上海市郵電管理局（または上海市電信局）
TPC-1　第一太平洋横断ケーブル（第二はTPC-2）
WUI　ウェスタン・ユニオン・インターナショナル（米）

プロローグ——日中間通信の幕開け

「戦後」認識のずれ

二〇世紀の記憶が失われようとしている。

一九七二年九月に調印された日中共同声明については、すでに四〇年あまりが過ぎ去り、歴史の遠景に押しやられた感がある。代わって急激に変化する中国のいまが、日々私たちの目前に現れる。七〇年代には日本の技術を学ぶことに躍起となっていた中国が、この四〇余年の間に日本のGDPを抜くまでに成長し、時として日本人に脅威に映る場合もある。日中国交正常化は、わずか四〇年前のことではいえ、ひとたびこれに関する歴史的記憶が喪失すると、事実そのものを再構築することは容易ではない。

本書のタイトルになっている「戦後」認識についてはいっそう希薄になりつつある。現在の多くの日本人にとって「戦後」は八月一五日に放送された「終戦の詔勅」を機に到来するものだと考えがちである。しかし、連合国側との国際法上の「終戦」はサンフランシスコ講和条約が発効する一九五二年四月二八日、GHQの占領統治の終了＝戦争状態の終結のときである。また、中華民国との間の「終戦」は日華平和条約の第一条「日本国と中華民国との間の戦争状態は、この条約が効力を生ずる日に終了する」という規定どおり、同条約が発効する一九五二年八月五日がその日とされる。

では、本書で取り扱う中華人民共和国の場合はどうか。二〇〇七年九月にNHKのドキュメンタリー番組で放送されたように[1]、日中共同声明の「日本国と中華人民共和国との間のこれまでの不正常な状態は、この共同声明が発出される日に終了する」という文言に示される「不正常な状態」の終了こそ、中国人にとって対日戦の終結、すなわち「終戦」が到来したことを意味する。つまり、日本人の「終戦」認識と中国人のそれとの間には二七年のギャップが存在していたということになる。本書のタイトルにあげた「戦後史」については、こうした観点から捉えていただければと思う。

同軸海底ケーブル時代

さて本書が取り上げるトピックは、一九七六年一〇月に開通した日中間海底ケーブル（ECSC：East China Sea Cable）をめぐる問題である。太平洋戦争終結後三〇年あまりの長きにわたって断絶していた日中間の通信ケーブルが、このとき同軸海底ケーブル[2]という技術を用いてようやく布設されたのである。この海底ケーブルの建設は日中国交正常化後に初めておこなわれた共同事業であり、現在の日中関係の起点のひとつになった出来事であった。ただ今日のようなデジタル化時代にあって、同

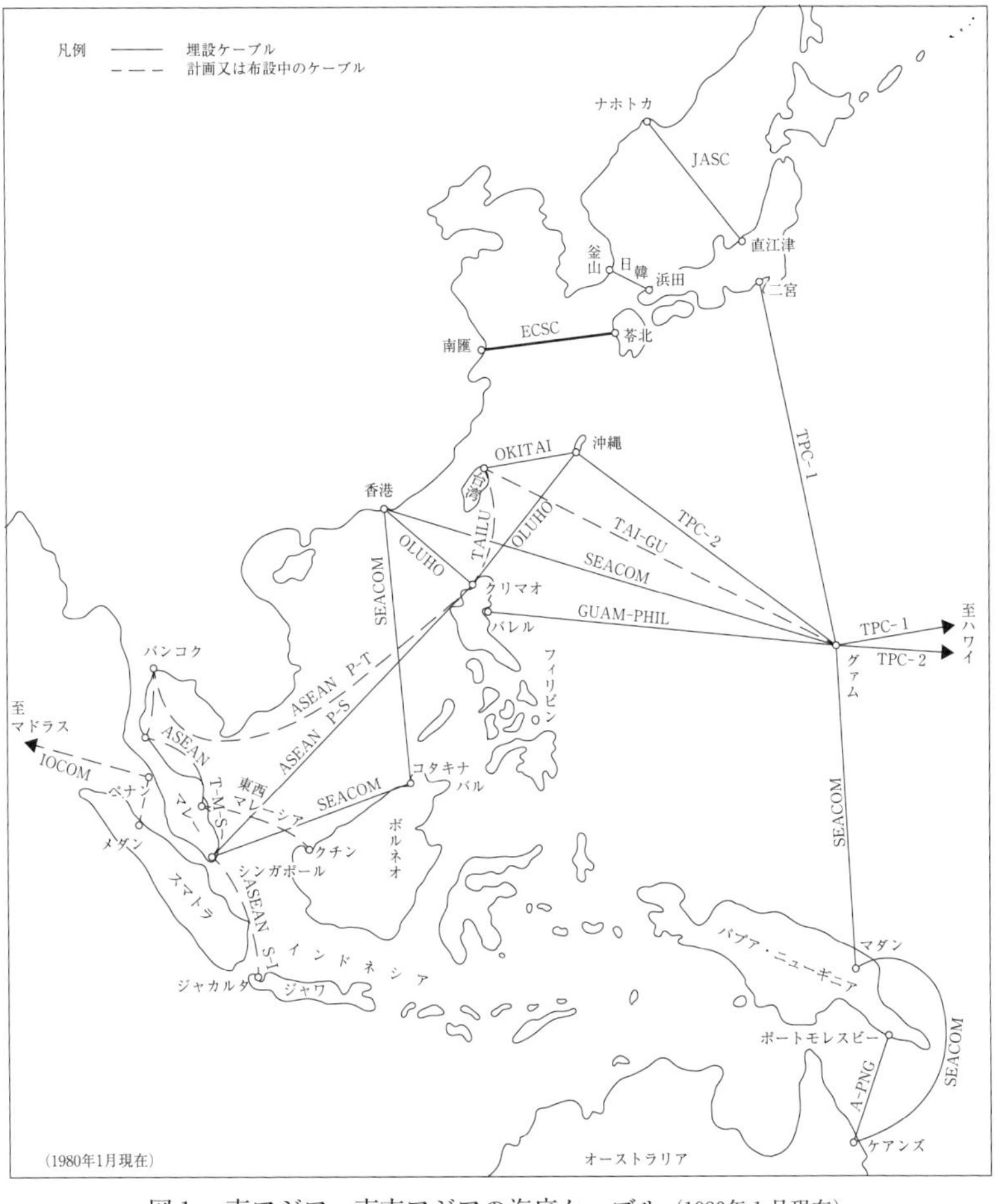

図１　東アジア・東南アジアの海底ケーブル（1980年１月現在）

軸ケーブルという通信技術はアナログ時代の産物だということもあり、電気通信工学の前線からは見向きもされない。その結果、一九六〇年代以降同軸海底ケーブルという新しかった技術が日本と周辺アジア諸地域、さらには世界とを結び付けていたことは、いまや忘れ去られようとしている。

戦後普及した同軸海底ケーブルは各国でも布設され、図1のように一九八〇年一月時点では東アジアおよび東南アジアにおける既設ケーブル（実線）と計画中または工事中のケーブル（点線）があった。日本につながる海底ケーブルは、この時点でも多くはないが、日本の対外情報の収集、発信にとって、ハワイ経由で米国本土とつながる第一太平洋横断ケーブル（TPC−1：一二八回線）の存在が重要であることは一目瞭然である。

回線数	ケーブル方式	中継器数	運用開始年	運用停止年
128	SD（米国）	274	1964	1990
120	Z120S（米国）	28	1969	1993
845	SF（米国）	522	1975	1994
480	CS−5M（日本）	66	1976	1997
1,200 1,380	具志頭村－クリマオ ：CS−12M（日本）	66 55	1977	1997
480	CS−5M（日本）	44	1979	1997
2,700	CS−36M（日本）	50	1980	1997
1,600	CS−12M（日本）	139	1984	1997

表1　日本をとりまく同軸海底ケーブル

ケーブル名	敷設区間	距離（km）
第1太平洋横断ケーブル TPC-1	二宮－グアム－ハワイ （神奈川）－（米国）	9,800
日本海ケーブル JASC	直江津－ナホトカ （新潟）－（ソ連）	890
第2太平洋横断ケーブル TPC-2	具志頭村－ハワイ （沖縄）－（米国）	9,350
日中間海底ケーブル ECSC	苓北－南匯 （熊本）－（中国・上海）	870 →修復後1,033
沖縄－ルソン－香港間ケーブル OLUHO	具志頭村－クリマオ クリマオ－香港	1,390 880
沖縄－台湾間ケーブル OKITAI	具志頭村－頭城 （沖縄）－（台湾）	680
日本－韓国間ケーブル JKC	浜田－釜山 （島根）－（韓国）	290
沖縄ケーブル	具志頭村－二宮 （沖縄）－（神奈川）	1,720

戦後初めての国際海底同軸ケーブルは一九六四年に日米間に開通したこのTPC－1であり、これによって戦後日本は国際通信網に復帰をはたす機会を得た。ついで六九年には日ソ間で開通した日本海ケーブル（JASC）、七五年には日米間で開通したTPC－2が布設された。次のねらいは東南アジア方面だった。ところが、日中間海底ケーブルが四番目の国際海底ケーブルとなったのである（表1）。国際電信電話株式会社[(3)]（以下、KDD）の経営戦略上からいえば、中国との事業は予想外の伏兵であった。その中国は、国際海底ケーブル建設に携わったことがなく、日中間海底ケーブル建設が初めての経験であった。

このケーブルは、熊本県天草郡苓北町《れいほくまち》と

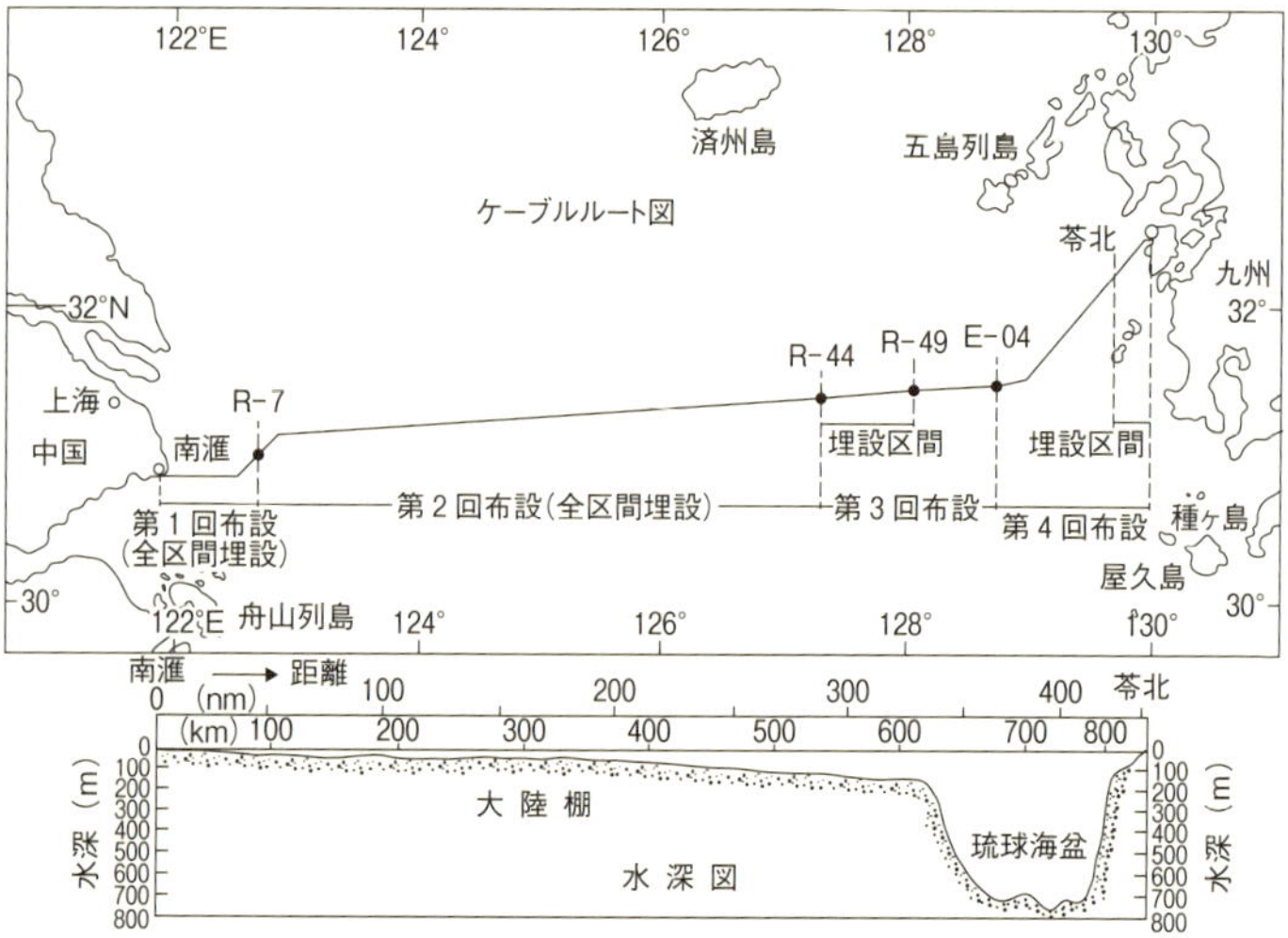

図2　日中間海底ケーブルルートとその水深
（R：中継器設置点，E：等化器設置点）

中国上海市の南匯《ナンフイ》県とを結び、そのルート長は四七一・〇二九カイリ＝約八七〇キロであった。そのうち八〇%近くを遠浅の東シナ海の大陸棚が占めていたのである。この海域の西端にある長江は、年間約六億トンの土砂を東シナ海に流出し、その河口付近にはこの土砂が七四キロ沖合まで堆積して広がっており、海底の位相を変化させることさえある。これにつづいて東部の六〇〇キロあまりまで大陸棚がつづき、そのほとんどは水深二〇〇メートル以下の浅海部であり、世界でも優良の漁場として知られている。大陸棚の東には水深七〇〇メートルの琉球トラフ（海盆）があり、つづく陸棚斜面をへて九州近辺に達するという地形であった[4]（図2）。当時これだけの長距離の海底ケーブルが遠浅の大陸棚で布設されたことは世界に類例がなかったのである。

戦後初の日中共同事業

この日中共同建設事業について、中国側は郵電部が主導する国家事業として位置づけられ、実際の建設は上海市電信局[5]（のち上海市郵電管理局）が担当した。一方、日本では、郵政省が口火を切った事業でありながらも、実際には郵政省管轄の特殊会社であったＫＤＤが主導した公共性の強い民営事業として実施された。日中間海底ケーブルの布設は、戦後初の日中共同事業でありながら、わずか三年という短期間で完成させるという計画がたてられたし、中国側からは「共同開発、共同建設、共同設計、共同施工」という方針が提起されたため、ＫＤＤは時間的に制約されながら、技術上、業務上の作業過程ひとつひとつについて中国側と協議あるいは説明する必要があった。しかも建設当事者であったＫＤＤと上海市電信局は、建設事業を進めるうえで、交渉、計画、開発、設計、製造、検査、発注、会計、工事、試験、運用、保守など多岐にわたる作業工程をすべてこなしていかなければならなかったため、まさに時間との闘いとなった事業であった。

さらに、関係する多様な機関、部局との調整や説明も必要であった。日本の場合だと、郵政省、衆参両院の逓信委員会、海上保安庁、自治体、企業、商社、労働組合、漁業組合、研究機関などが主要な関係機関であり、一方この通信事業が国家プロジェクトとされた中国ならば、中央では国務院、郵電部、外交部、総参謀部、海洋事務司などとの調整が必要であり、地方では省市県政府、郵電管理局、国家海洋局、漁業・船舶・造船など多くの行政部門、産業部門とも協力関係を築かなければならなかった。加えて国際ケーブルの建設事業は、相手国の体制や商慣習の違い、国民性や歴史認識の相違などにより、複雑な因子が介在することになった。とりわけ日中双方とも戦後初めての共同事業であったために、技術上の問題はもちろんのことながら、文書の作成、契約の締結、設備の調達、予算・決算処理など、事務上の手続きのどれをとっても試行錯誤の連続であった。いずれにせよ、事業のプロセスおよび事業関係者それぞれの複雑さゆえに、これまでこの事業の企画段階からケーブルの運用停止にいたるまでの全過程が明らかにされることはなかったのである(6)。

この共同建設事業が始まってからの三年間のうちに、KDDと上海市電信局(のち上海市郵電管理局)との間で開かれた会議は、建設当事者会議(本会議)六回、業務班および技術班による専門家会議計一三回、両者あわせて一九回におよんだ。そのたびに関係者は日中間を往来した。会議自体も、通訳が入るため、最短で数日間、最長六〇余日におよぶことさえあったという。むろん、会議の開催のほか、ケーブルや中継器などを布設・埋設する機械的工事、海底ケーブルの伝送レベルを一定に保つための電気的布設工事、システム点検はもちろんのこと、機器類の開発、海洋・埋設・技術の調査、調達機材の検査、要員の研修など、多岐にわたる業務をこなさなければならなかった(7)。

ところが、こうして多大な経費と労力を費やして建設した海底ケーブルは、本文で述べるように、一九八〇年にたび重なるケーブル障害が発生したことにより、八一年以降いったん運休し、原因究明と対策に五年もの歳月を費やすことになった。このことを知る人は、当時も、そしていまも少ない。建設時と違って、下手をすれば建設事業にかかわったことで責任問題にもなりかねないため、復旧時の作業ははなばなしく宣伝する事柄ではなかったのである。

戦後初の日中共同事業として発足した海底ケーブル建設事業について、企画段階から完全に運用が停止されるまでを概観すると、以下のような流れとなる。

1. 一九七二年八月～一九七三年五月：日中政府間協議
2. 一九七三年～一九七六年：当事者会議の開催と「設計書」による合意
3. 一九七六年：日中間海底ケーブルの布設・埋設など一連の工事
4. 一九七六年一〇月二五日～一九八一年六月：ケーブルの開通と運用
5. 一九八一年六月～一九八六年一〇月：海底ケーブルの一時的運用停止
6. 一九八六年：復旧工事
7. 一九八六年一〇月～一九九七年一二月：再開通
8. 一九九七年一二月三一日：完全運用停止

こうしてみると、共同事業の企画から工事完了までが約四年間、最初の運用は約四年間、その後障害の発生のために約五年間の運休、復旧工事後は約一一年間の運用、つまり計二四年間を費やした事業だったが一五年しか運用していなかったということになる。

日中の建設当事者

一九七二年一〇月に中国政府から上野動物園に贈られたカンカン、ランランがもたらしたパンダ・フィーバーや、翌年四月からＮＨＫで放送された「シルクロード　絲綢之路」によって、空前の中国ブームが巻き起こった。こうした時代の狂想曲により現代中国イメージが日本社会に急速に浸透するという一種の社会現象が起こったこととは裏腹に、日中共同声明第九項に記された「貿易・海運・航空・漁業に関する協定の締結のための交渉の合意」に基づいた政府間の実務協定締結は予想以上に遅れてしまった。

周知のとおり、日本国内では与党と野党との対立、自民党内部の政治紛争が主な原因となって、田中角栄首相は日中国交正常化後にめだった成果をあげることができなかった。実際、一九七四年になってようやく日中貿易協定、日中航空協定、日中海運協定が締結され、日中漁業協定（旧協定）にいたっては七五年にようやく結ばれたが、これら実務協定の円滑な運用にはさらに数年の歳月が必要とされたのである。近年日中双方の外交文書の公開が進むなかで、一九七二年の日中共同声明や七八年の「日中平和友好条約」の締結プロセスの解明が進むものの(8)、これら実務協定をめぐる諸問題はなお検証の余地を残している(9)。

ところが、この実務協定の枠組みにも入らずに看過されてきたのが、一九七三年五月四日に調印された「日本・中国間海底ケーブル建設に関する取極《とりきめ》（中華人民共和国電信総局和日本国郵政省関於建設中国和日本国之間海底電纜的協議）」であった（以下「取極」と略す）。田中首相も、周恩来《しゆうおんらい》総理も、日中国交正常化後の実績をあげるため、この建設事業をきわめて重視していたのである。この「取極」により、建設当事者として中国側は上海市電信局（のち上海市郵電管理局）という行政機関、日本側はKDDという郵政省管轄の特殊会社が指定された。一九七三年といえば、オイルショックの時期と重なり、中国では文化大革命期の「批林批孔運動」（林彪《りんぴよう》と孔子を批判する運動）の最中にあり、日中とも政治的、経済的に不安定な時期を迎えていた。こうした状況のなか、初めての日中共同建設事業では、経済体制、国際ビジネスの経験や考え方の違い、技術や製造、はては外貨蓄積の差などにより、ことあるごとに協議、調整を要する問題が発生した。

こうした問題のほか、日中双方の関係者にとって、先の戦争の記憶もけっして拭い去られたわけではなく、筆者がおこなったインタビューを通じても、そうした感情の問題も明らかになった。戦争を知らない世代が社会の第一線の大半を占める現在とは違って、当時この建設事業を推進した主導者たちの心の内には複雑な思いが往来していた。お互いが先の戦争における傷を抱えながらも、戦後の日中間の劣悪な通信環境を改善するために推進すべき公共事業であることを認識し、忍耐と相互理解に努めて、経済体制の違いに対応しつつ歴史に残る事業の実現に向けて尽力しようとしたのである。今日と比べて、隔世の感がある。

風化する記憶と記録

戦後の日中間で初めて実施されたこの合同事業に関する記録だが、たとえばKDDはかつて契約書、議事録、役員会資料、執務月報、速報、連絡カードなどを保存したばかりか、その重要性に鑑みてマイクロフィルムで複製も作っていた。にもかかわらず、二〇〇〇年にKDDがKDDIに合併改組される過程で、詳細な経緯は不明ながら、資料センターが廃止され、その前後に社内の関連文書は破棄されてしまった。また、このときの建設事業の関係者は、いまや高齢化し、事業功労者の多様かつ貴重な経験はおぼろげなものとなり、またその一部は消え去りつつある。一方、中国では、文化大革命中であったこともあってマスコミはこの事業のことをほとんど報道せず、旧郵電部・上海市郵電管理局の関連文書は今も未公開なままであることなどの理由から、[10]中国でこのケーブルの存在自体を知る人は少ない。実際、二〇一三年に上海人民出版社が刊行した『上海電信簡史』という概説書では、この建設事業は簡単に触れられているものの、一九八〇年以降のケーブル障害についてはまったく言及されていない。

それゆえ、この事業に関する記憶が風化していくのも無理はない。海底ケーブルの建設事業は、上述したように多岐にわたる作業過程が必要でありながら、それぞれの事業従事者が担当している期間は比較的短く、専門性も高い業務であるために、部局単位を超えたすべての事業を俯瞰できる者は多くはないことも、記憶の風化の一因であったといえる。

管轄海域と軍事区域

海底ケーブルの大部分は、海の底に布設あるいは埋設される。それゆえ、領海や接続海域といった管轄海域（のちには排他的経済水域も含む）(11)、それと連動する航路、漁業権、海洋資源開発、海洋環境の保全といった問題との関係を避けることはできない。しかも、現在にいたるまで、日本が主張する中間線を原則とする境界策定の考え方と、韓国や中国が主張する大陸棚自然延長論との対立はなお存在しつづけている。

しかし、日中間海底ケーブルの布設・埋設、その保守に関しては、海洋ナショナリズムによる政治問題を回避しつつ(12)、「原則として投資は折半、所有も折半」という共通認識のもとに、海底ケーブルの布設区間を二分して中央線を画定することを原則として建設事業を進めた。ただ実際の海洋調査、布設・埋設工事においては、中国側は沿岸部八〇キロ、日本側は七七〇キロを担当することが方針とされたため、ＫＤＤはこの中央線を超えて中国側で工事を進める際には電話連絡などで不自由が起こったし、一方元郵電部基本建設司長の趙永源《ちようえいげん》へのインタビューからは、中国側も郵電部が外事部門に対して日本側がなぜこちら側に来るのか説明しなければならず、たいへん面倒な手続きがあったということである(13)。

さらに、中国側沿岸の軍事区域の問題も悩ましかった。一九五五年四月締結の日中漁業協定に付随する中国漁業協会の書簡に関する日中漁業協議会の回答には、中国側は沿海部に軍事警戒区域、軍事航行禁止区域、軍事作戦区域など、複雑な軍事区域を設定していたことが示されている(14)。中国側が沿海部での自前工事に固執したのは、この軍事区域の存在が大きくかかわっていた。これらの軍事区域については国家海洋局が管轄しており、後述するように日中合同の海洋調査や南匯局での電気的布設工事などの際には実際に日本人の活動に制限が加えられたのである。

一　「終戦」の合意から日中初の共同事業へ

一九七〇年代初頭、マスコミによってあおられた日中友好ムードとは裏腹に、それを支えるインフラの整備は決定的に立ち遅れていた。日中間を往来する情報はもとより、通信インフラを構築した人びと、基礎になる技術、思想にも思いを馳せ、地域の構造や利害を読み解く必要がある。日中間を結んでいた海底ケーブルは、第二次世界大戦末期にすべて使用停止になったとはいえ、戦後もその技術思想は一部の官僚や技術者の間で脈々と受け継がれていたのである(1)。

情報の孤島の克服

戦前に日本が布設した海底ケーブルについては、帝国主義的統治のためのテクノロジーとして評価され、いまにいたっている。筆者がこれまで発表してきた戦前の日中間の有線・無線通信に関する研究、ジョージワシントン大学の Daqing Yang による *Technology of Empire: Telecommunications and Japanese Expansion in Asia, 1883–1945* (Harvard University Asia Center, 2011)、そして二〇一三年に刊行された有山輝雄の『情報覇権と帝国日本』Ⅰ・Ⅱ（吉川弘文館）などが、そうした歴史的評価の上にたった戦後の研究成果である。

これら日本の中国大陸向け通信の多くは、太平洋戦争期に不通となった。たとえば、一九四一年および四二年にはグレート・ノーザン電信会社（The Great Northern Telegraph Co.）が布設した上海―長崎線二条は運用停止となり(2)、四三年には日本政府が布設した上海―長崎間、佐世保―青島線がケーブル障害により断絶し、四五年には米軍の無差別空爆によって佐世保―大連線などの海底電信ケーブルは通信不能に陥った(3)。こうして終戦直前の日本は、ごく一部の短波無線を除いて、海外と通信する手段を失い、情報の孤島になっていたのである。

戦後、たとえば一九五〇年代の日米間でも、短波無線による一二回線が運用されていたにすぎなかった。しかし、無線は、気候変動や気温・水温などの変化によって不安定であったため、安定した通信システムはつねに求められていた。こうした日本をめぐる通信環境を大きく改善したのが、一九六四年に二宮町（神奈川県）とホノルル（ハワイ州）との間に日米で共同布設したＴＰＣ−１と、一九六五年にサービス開始となったインテルサットＩ号による商用の国際衛星通信であった。これらは、戦前とは決定的に違って、国家間の主権を尊重する各国の通信事業者が共同建設し、共同運用したのであるが、建設に直接かかわらない業者であっても「破棄し得ない使用権（IRU : Indefeasible Right of User）(4)」により回線網に参入することは可能であった。

こうして同軸海底ケーブルと衛星通信による広帯域通信幹線網の整備によって、短波無線時代には実現できなかった安定した、大容量の伝送路をもつことができるようになった。むろん、その背景には日本の高度経済成長によって通信需要が急増したことがあるが、同時に、衛星と海底ケーブルという高速通信幹線網の完成が経済成長をけん引することにもなった。TPC-1の布設により日米間通信が再開されたのに続いて、一九六九年には新潟―ナホトカとの間でJASCが布設され、七五年にはTPC-2が増設された。TPC-1、TPC-2は対米向け通信、JASCは対欧州向け通信と位置づけられていた。

しかし、日本と周辺アジア諸国との通信環境は、その後も整備されたわけではなかった。日本と中国大陸の間で通信が回復したのは、一九四八年一一月に大阪―上海間に短波無線電信回線が再開されたときだったが、当初は戦前と同じくモールス通信だった(5)。それから一〇年近く経った一九五八年三月にようやく東京と北京との間で無線電話、写真電信回線一回線が開通したのである。このように、一九五〇年代の日中間の電話回線はわずか二回線しかなく、しかも季節や天候の影響を受けてノイズの発生や音声の途切れなどが起こりやすかったし、なにより大躍進政策下の中国ではその利用率はきわめて低かった。

実際に戦後三〇年間は、日中間に「不正常な状態」(中国側からすれば戦闘が放棄されていない状況)が続いていたため、両国が海底ケーブルで結ばれることもなく、短波無線で細々とつながっていたにすぎなかった。読者のなかには、一九七〇年代までの日中間の通信環境がきわめて劣悪だったことを記憶されている方も多いことだろう。こうした事情は特殊なものではなかった。日本と東南アジア諸国との間でも、一九六〇年代に海底ケーブルを布設する計画が構想されたものの、その実現は遅々として進んではいなかったのである(6)。

日中国交正常化

その後も日中間の通信の改善が求められたにもかかわらず、大躍進や文化大革命の時期に重なったこともあり、たいした対応策がとられることはなかった。一九七〇年には月平均二一〇回数、七一年には五〇〇回数に達したが、時間帯によっては相当な待ちが必要とされた(7)。日中国交正常化気運が高まる一九七二年前半期でさえ、両国間の郵便物は香港経由で運ばれ、電気通信は短波無線による電信二回線、電話四回線（写真電報と共用）といった貧弱な状況であった(8)。

こうした通信状況は、中国の国際社会への復帰が契機となって変化する。一九七一年一〇月二五日に採択された第二六回国際連合総会では、第二七五八号決議に基づいて、「中華人民共和国政府をインテルサットにおいて中国を代表する権能を有する中国の唯一の合法政府と認めることを決定し、中華人民共和国政府がインテルサットに参加することを歓迎することを更に決定する」旨の決議が採択され、中国は衛星通信の利用が承認されることになった(9)。

さらに一九七二年二月ニクソン米大統領の訪中は、東アジアの国際関係を大きく変化させせることになる。中米間では、一九六八年に無線電話回線連絡、マニラ中継によるサンフランシスコ—北京間のITT（International Telephone & Telegraph）線、RCA総合通信社（RCA Globecom）やWUI（Western Union International）が上海との間に運用していた各無線電信回線をすべて中断していたため、ニクソン訪中時の中継放送による映像は衛星用の地球局を持ち込むほかなかった。そこで、北京には二月一日から月更新のレンタルでWUI製の地球局が臨時設置され、また上海の虹橋《ホンチャオ》（のち莘《しん》荘《しょう》鎮《ちん》に移転）にはRCA総合通信社が中国機械設備進出口総公司に販売したヒューズ（Hughes）製の可搬型地球局が設置された。ニクソン訪中の中継放送に中国側の主管庁が米中間通話の取扱に協力的であったこと、両国のオペレーターも一〇〇〇度以上の通話をさばいたことは米国側でも高く評価された(10)。

このときの衝撃的な中継放送を契機として、日本では日中国交正常化に向けた水面下の動きが進むとともに、長い間懸案であった質の高い通信へと改善する必要があると認識されるようになった。実際、一九七〇年以来、通信量は急激に増えており、たとえば電話の発信、着信あわせて七〇年度は二五〇〇〇回、七一年度は五八〇〇〇回、七二年度は一万九〇〇〇回に急上昇し、七三年度は前年末までだけですでに二万三〇〇〇回にも達しており、七四年三月末までには三万五〇〇〇回までいくだろうとKDDは予測していた(11)。

こうした急激に伸びる通信需要を反映して、たとえば、日本側が中国側に一九七二年二月に上海のRCA総合通信社の地球局を日中間の衛星通信に利用することや、短波を増強することについても提案したし、同年四月には広州で開催された中国輸出商品交易会で通信の増強を提言していたのである。周知のとおり、広州の交易会とは、西側のビジネスマンが中国商品を取り扱うための重要な交渉の場であり、一九五七年春から始まり、今日にいたるまで続いている。七二年の交易会では、衛星通信についてはは中国側の検討を待つとして、中国側は短波についてはは増強することに賛成であると伝えてきた。その後の中国側の対応は速やかであり、その月のうちに電話回線二回線、電信回線一回線を増加させることが決定され、(12)八月末には東京—北京間に短波無線による電話が四回線（うち一回線は写真電信PIX兼用）、大阪—上海間の電信が二回線に増設された。

KDDの対応

一九七二年七月七日に田中角栄内閣が成立すると、同月一二日に上海バレエ団の団長として来日していた孫平化《そんへいか》と中日覚書《おぼえがき》貿易東京事務所首席代表の蕭向前《しょうこうぜん》は大平正芳《おおひらまさよし》外相と会見し、田中首相の訪中を歓迎するとの中国側の態度を伝えた。孫平化は、一九六四年から六七年に廖承志《りょうしょうし》事務所駐東京連絡処首席代表を務めた人物である。こうして事態は、国交回復に向けて急速に現実味を帯び始めた。

しかし、日本のマスコミ各社は他社を出し抜くために個別に中国政府と交渉の機会を持とうとしたが、中国政府はこうした個別申請についてはきわめて冷ややかであった。日本側ではマスコミの動きとは別に、通信会社であるＫＤＤが八月五日、中国政府に対して、北京に可搬型地球局を設置して、カラーテレビ映像一回線の送信および音声級二四回線を設定したいと伝えた。この申し出に対する中国政府の対応は予想以上に早く、一三日にＫＤＤ訪中団を招聘したいとの連絡があった。そこでＫＤＤは一六日急遽、社内に板野《いたの》学《まなぶ》副社長を本部長とする「対中国国際通信対策本部」を設置したのである[13]。

一四日、マスコミ各社による五社報道局長会議は、田中首相訪中の衛星中継に難航していた局面を打開するために、ＮＨＫ、日本テレビ、ＴＢＳテレビ、フジテレビ、ＮＥＴテレビ（現・テレビ朝日）を日本衛星中継協力機構（ＪＳＮＰ）に一本化し、ＮＨＫに事務局を置いて、「総理訪中放送共同制作機構（田中プール）」を発足させて[14]、連名で中国政府との交渉にあたろうとしたが、これも予定通りには進まなかった。中国ではマスコミが国家管理されているゆえの対応であった。

結局、中国政府から取材申請が認可されたＫＤＤは、ＪＳＮＰに協力の手を差し伸べることとなった。ＫＤＤ社長の菅野義丸《すがのよしまる》[15]は国際電気通信訪中団を組織して、その団長となり、ＪＳＮＰから推挙された木村ＮＨＫ制作技術局次長、富田ＮＥＴテレビ技術局次長を含めた通信・マスコミ関係者一一名を含めて、北京を訪問することにしたのである[16]。当時は、東京から北京への直行便はなかったので、この訪中団は八月二二日に羽田空港を出発し、香港経由で、翌日北京空港に到着した。空港には、外交部新聞司、新華社、人民日報、北京市革命委員会の幹部らが迎えに来ていた(17)。

この訪中団は、中国側の代表団と六日間にわたって協議を続けた。中国側は、北京長途電信局の張《ちょう》秀《しゅう》健《けん》副局長を代表とし、趙《ちょう》春《しゅん》亭《てい》同局長、通信関係の最高責任者である中国電信総局の鐘《しょう》夫《ふ》翔《しょう》局長らが参加した。菅野社長によれば、田中総理訪中の際の実況テレビ中継については、ホテルまでの送迎車のなかで張秀健副局長との間ですぐに合意がとれたということであった(18)。

このほか、日本側からは、短波無線の電話回線の質的改善、そして日中間の海底ケーブルについても提起された。この話し合いに、中国側は鐘夫翔局長があたった。鐘夫翔は、一九三〇年に中国共産党に入党、三四年からの長征にも参加した古参幹部であり、建国後は、北京郵電学院（いまの北京郵電大学）の校長、国防部第五局長、一九七〇年から中国電信総局長、七三年三月から七八年一〇月まで郵電部の党書記・部長などを歴任しており、いわば中国の党、行政、軍の電信事業を推進した指導的幹部であった。鐘夫翔に日中間海底ケーブル建設事業を主導させたのは、中国側がこの事業をきわめて重視していたことのあらわれだった。

わずか五日間の協議にすぎなかったが、八月二七日に日中双方の合意内容に署名がおこなわれた。その合意内容とは、以下のとおりであった(19)。

（1）北京長途電信局は、ＫＤＤから可搬型地球局施設一式を、九月二〇日から一〇月一七日までの間貸借して、北京・東京間で次の業務をおこなう。国際電報、国際電話、国際写真電報、国際専用電信回線、国際音声級専用回線および国際テレビジョン伝送。

(2) 日本側は必要な技術要員を中国に派遣して、施設の組立て、調整、保守および運用をおこない、また使用が終わったのちは施設を撤去する。

この合意に基づき、八月末、日本のマスコミ連合JSNPを代表したNETテレビ報道本部長三浦甲子二《きねじ》が田中首相訪中のテレビ中継に関する基本契約に調印した。日中両国政府間の連絡をとりあうために、NHK、民放の技術者が北京に在留して、田中首相訪中準備のために出発していた政府先遣隊と連絡をとりあうことになった。膨大な放送機材は、八月末に横浜港から海上輸送され、九月初めに天津新港に着き、列車で北京空港そばの放送センターまで運ばれた[20]。

菅野義丸らの訪中団が九月二日に帰国した際、菅野が代表して羽田空港で記者会見を開催し、「日中国交回復が実現したら、日中間の通信改善のため、両国間に海底ケーブルを布設することに合意、議事録に双方が調印した」ことを明らかにした。KDDの訪中のもうひとつの目的が、短波通信の改善増強とともに、日中間通信の恒久的な改善策として両国間に海底ケーブルを建設する構想を提示することにあったことが、このとき明らかになった[21]。その記者会見では、菅野は次のように説明した。

(1) 中国は田中首相の訪中による国交回復を期待しており、こんどの北京滞在は五日間だ。だが交渉は非常にスムーズに進んだ。

(2) 海底ケーブルのほかにも、技術交流については完全に意見が一致、協力することになった。

図３　北京に建設中の可搬型地球局
（1972年９月）

中国政府が一日も早く技術レベルを向上させたいという意気込みが感じられた。

（３）現在、両国間にある短波無線による電話、電信回線についても増強を申し入れた。感度をあげる機材を贈ったが、快く受け入れてくれ、こちらの趣旨を理解してくれた。

このほか、着工日時、設置場所、回線数など具体的な点については、ＫＤＤと北京長途電信局が窓口となって折衝することになったと述べている。(22)

新聞報道ではこのように簡単な内容であったが、中国から初めて日本向けの衛星中継がおこなわれるので、交渉は技術的な問題を含めて詳細かつ具体的な内容に及んでいたはずであった。日本側の説明では、北京に日本電気製の一〇《メートル》のカセグレンアンテナをもつ可搬型地球局を設置するとのことであった（図３）。この地球局から、同年一月に打ち上げられた太平洋上のインテルサットⅣ号（Ｆ４）を経て、ＫＤＤ茨城衛星通信所第三施設（一九七一年八月完成）との間で、カラーテレビ映像一チャンネルの送信、高品質の音声級二四回線を開通させるというプランだった。この可搬型地球局については、ＫＤＤが北京長途電信局に代わって、通信衛星暫定委員会（ＩＣＳＣ）に手続をおこなって利用できることになった。中国側は、九月二〇日から一〇月一七日まで衛星用の地球局を賃借すること（運用開始は九月二二日）、北京―東京間で国際電報、国際電話、国際写真電報、国際音声放送伝送、国際電信回線専用、国際音声級回線専用、国際テレビジョン伝送などの通信業務をおこなうことに同意したことを公表した[23]。

初の実況放送へ

八月二八日、中国の電信総局は、上海市電信局を通じて、市内の電報局、長途電話局、無線電管理処、市内電話局に対して、田中首相訪中の際の通信業務に関して命令を出した。このときの上海では、大阪との通信に使われていた短波無線電報二回線に加えて、あらたに四回線の電報回線、四～六回線の電話回線、二回線のＦＡＸ回線を増設することになった。また、上海市内には数百台の臨時の電話機が設置されたほか、錦江賓館には外国人客専用の二〇〇回線の代表電話も設置された。同時に、無線処は、上海から東京への電話回線の需要に応じるために、四台のアンテナを設置し、あらたに二回線の無線電話回線を増設した[24]。九月訪中団が帰国するや、日本電気製の可搬型地球局が太平洋衛星との間で接続テストをおこない、問題がみられなかったため、これを空輸で北京に搬送した。

一方、「総理訪中放送共同制作機構」の事務局では、第一陣、第二陣、本隊、後発隊に分かれて出発する計画をたてたが、先に技術要員の入国を求めようとする中国側と、制作演出要員を派遣したい日本側との思惑があわず、その構成員の調整はいささか難航した。九月九日には、ようやくNHKの川原報道局長を団長とする四〇名の本隊が北京入りすることになり、放送が具体化していった。川原らは、すぐさま北京電視台の王楓《おうふう》技師長ら中国放送チームと協議を開始した。このとき、中国側の要望によって、日本側のテレビ中継のための技術要員は計七〇名に限定された。

中国側は、この地球局に対する関心がきわめて高く、解体して内部を見ようとする動きもあったらしい。とにかく初の日中合同チームによる放送業務は、放送に対する相互認識のずれもあって苦労したようだが、一七日には衛星経由で北京の地球局と茨城地球局との間の交信テストがおこなわれ、これは問題なく成功した。

テレビ中継は、NHKと民放四局が協同で組織するJSNPを通じておこなわれることになった。そこで二一日には衛星送受信テストをおこない、田中首相訪中の二日前の二三日には故宮の中継録画映像を東京五社に配信し、また『朝日新聞』には報道陣の大半が全日空特別便で先発して北京入りした様子が須長特派員の撮った写真に残されている（二四日の東京朝刊）。そして二四日には、「総理をまつ北京」という中継録画やフィルムが日本の視聴者向けに放送された[25]。

こうして準備は整った。常駐していた七人の日本人記者のほか、随行した報道陣は、通信二社・一〇人、新聞一六社・四〇人、放送一一社・三〇人の計二九社、計八〇人にもなった。すでに先行して北京入りしていた報道陣以外の一五名が田中総理と同じ二五日発の特別機に同乗した(26)。その他の外国からの取材陣も一三〇人にものぼったという。

九月二五日、田中首相、大平正芳外相らが北京を訪れたときの映像は、筆者以上の世代ならば鮮明に覚えていることだろう。当時、TBS取材団のひとりであった田畑光永は、このときの様子について、次のように描写している(27)。

ドアが開き、田中首相が姿を見せた、空を仰いで一瞬まぶしそうに眼を細めた。そしてタラップ下で待ちうけていた周恩来総理に歩み寄って握手。ついで軍の長老である葉剣英《ようけんえい》軍事委員会副主席、日本でも有名な郭沫若《かくまつじやく》中日友好協会名誉会長、そして姫鵬飛《きほうひ》外相らと握手を交わした後、両首相が並んで、両国の国旗掲揚と国家《ママ》吹奏、さらに陸、海、空三軍の儀仗兵閲兵と、ニクソン訪中の際とそっくり同じ場面が人間だけを入れ替えて繰り広げられた。

同じ光景を見ても、共同通信北京特派員の中島宏の見方は少し違っていた。中島は、次のように描いている(28)。

しかし国交実現を前に一行を迎える空気は、ニクソンの際とはまるで違っていた。何よりもタラップを降りた田中首相と周首相の固い握手。一度握って何回も振ってから、もう一度繰り返すなど、初めて会った二人の熱烈な感情を込めての挨拶が違いを示していた。またもう一つは、北

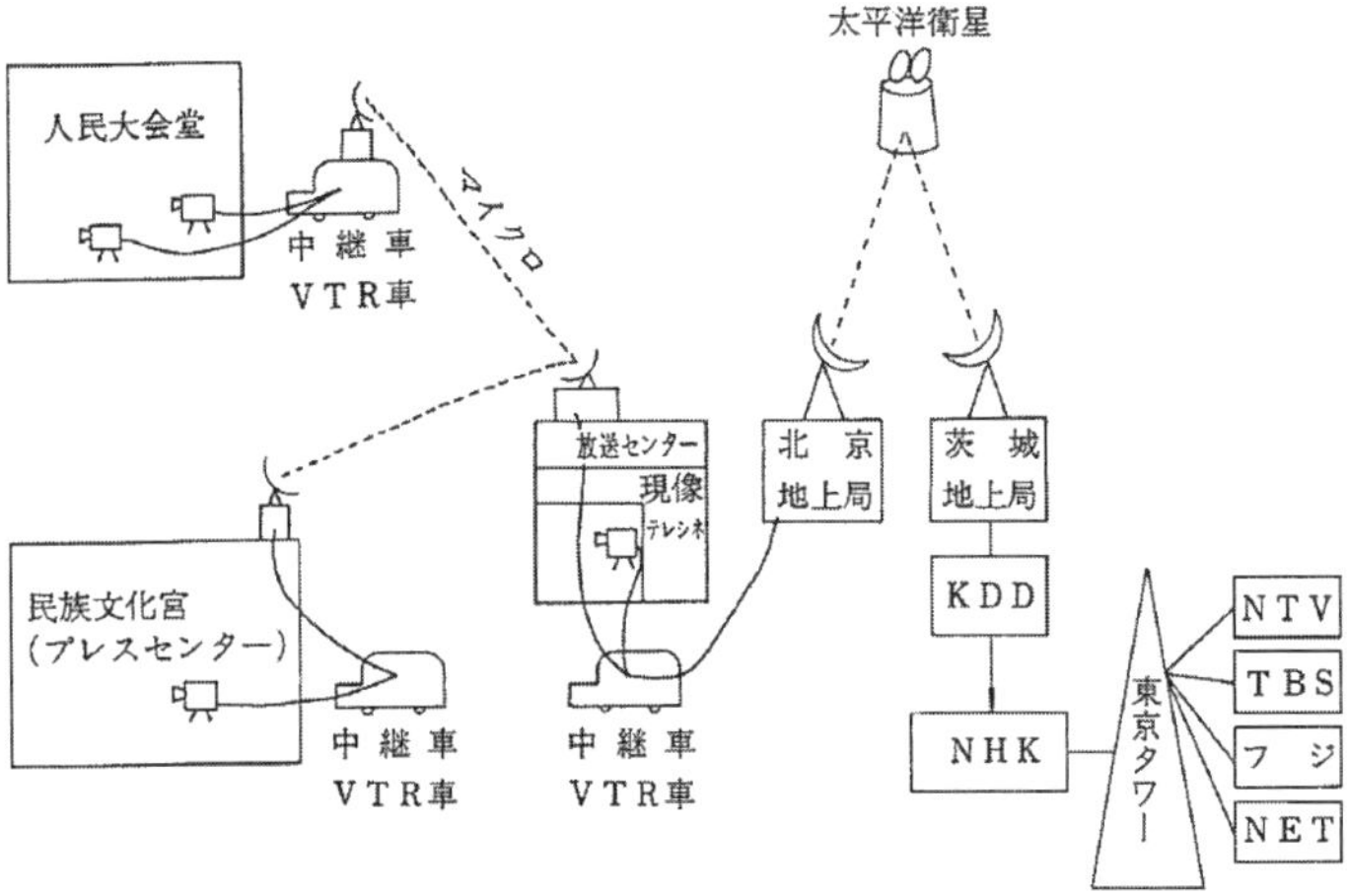

図4　田中首相訪中実況放送の伝送ルート

京に事前に来ていた日中覚書貿易事務所の岡崎《おかざき》嘉平太《かへいた》代表、在北京の同事務所員とその家族、記者の家族などの日本人が出迎えたことだった。同じ取材陣でも、日中国交正常化直前の様子をどのように捉えていたか、違いがよく出ている。

ともあれ、大方の人びとは、このときの映像がどのようにして伝えられたのかは気にしなかった。映像は、北京空港に設置された三台のカメラ、沿道設置の二台のカメラで中継され、北京地球局からインテルサットへ、そして茨城地球局を経てＮＨＫに送られ、さらに東京タワーを経て民放四社に分岐されたのである。ただ実況中継のときの音声は、この映像回線とは別に、空港近くの地上局や北京の民族文化宮に設置された放送センターにある各社コメンタリールームから、同じ経路で東京に伝送された(29)（図4参照）。つまりアナウンサーはあたかも実況中継

(1) 3版 朝日新聞（夕刊） 昭和47年（1972年）9月25日 月曜日 31169号 （日刊）

朝日新聞 夕刊

日中いま握手

首脳会談スタート

周首相と握手する田中首相（左）

国交への願いこめ

周首相はじめ最高の歓迎

北京空港は秋晴れ

互譲の心で合意を確信

田中首相

断絶終った瞬間

二人の手 音もなく一つに

初の北京直行

図5　周恩来総理と握手する田中首相

をおこなっていたような口ぶりだったが、じつはモニターを見ながらの中継だったのである。さらに、翌日には、各新聞に田中首相を出迎える周恩来総理の様子を撮った報道写真がいくつも掲載された（図5）。その後の人民大会堂での第一回田中角栄・周恩来会談などの様子はＶＴＲによるプール映像として日本に配信され、東京から衛星で世界三〇ヵ国に中継された。

田中首相と周恩来総理との間の日中首脳会談は計四

回おこなわれて、九月二九日に「日中共同声明」の調印となった。この状況は、衛星通信によるカラー放送で日本の視聴者に臨場感をもって伝えられた。翌三〇日、国交正常化後の通信需要に対応させるために、中国側から日本電気製の地球局を継続利用したいとの申し入れがなされた。日本側との契約では一〇月一七日までが賃借期間であったため、KDDは中国側の申し出は問題ないと判断して応諾し、北京長途電信局に運用を任せることになった。

この地球局を使って、一〇月一日には東京—北京間の電話回線(衛星)が三回線、写真電信回線(衛星)一回線の運用が開始された。同日、東京—上海間では、短波無線による電話回線が二回線、写真電信回線が一回線増設された。(30) さらに、田中首相訪中の間に、国際テレビジョン伝送がおこなわれた。その結果、国際電報二九通、国際通話二四八度、国際写真電報四六通、国際音声放送伝送(PTS)一二三度などの取扱いがあったという。(31)

KDDの世界通信網構想

田中首相の帰国からほぼ一週間後の一〇月五日、KDDの板野学副社長らが、首相訪中の特別通信の事後処理のために再度中国を訪れた。そして九日に、板野副社長と電信総局の梁健《りようけん》技術局副局長との間で第一回の公式会談が開かれた。中国側は当初、海底ケーブルを日中間通信だけに焦点を絞る考え方を示したとみられ、戦前と同様に、長崎—上海間の布設プランを提案してきた。しかし、会談に出席していたＫＤＤ海底線調査室志村静一技術部長は、これに対して、強く異論を唱えた。それは、ＫＤＤが同軸海底ケーブルに託した通信戦略を如実に表現する内容であった。志村の意見は、概ね次のような内容であった。

ＫＤＤとしては、この海底ケーブルを日中間通信だけでなく、計画中の新太平洋、東南アジア両ケーブルと接続させ、わが国を中国通信の拠点とするグローバルな構想を進めている。この場合、日中間の敷設ルートは、沖縄―上海が有力である。（中略）同海底ケーブルを世界各国との通信に利用するためには、沖縄―上海間（直線距離で約八〇〇㎞）が技術、コスト双方の面で便利である。……現在、計画がある新太平洋ケーブルは、沖縄―グアム―ハワイのルート。グアムからオーストラリアのシドニーにも伸びる。また、計画中の東南アジア・ケーブルも、日本の陸揚げ地点は沖縄である。日中海底ケーブルを中国から沖縄に結べば、沖縄を接点として、アメリカからヨーロッパ、東南アジアへの通信にも活用できる。(32)

この主張は、ＫＤＤが同軸海底ケーブルに託した、いわば世界通信網構想といえた。日本側陸揚地を沖縄に据えるかどうかはさておき、志村の構想に中国側は強い関心を示した。

会談中の一一日、北京長途電信局の呉永図《ごえいず》副局長は、ＫＤＤから賃借中の可搬式地球局一式を一〇〇万ドルで購入するとの提案を出し、双方の売買交渉が成立した。(33)当時の状況からいうと、北京長途電信局が直接に外国へ支払いをおこなうのではなく、中国政府機械工業部の直属企業として外国との

間で機器の輸出入を担当していた中国機械設備進出口総公司が、製造元である日本電気に支払ったのである。(34)

KDD側は、北京滞在中、三日間にわたって日米間のTPC－1や日ソ間のJASCに関する資料を提供し、海底同軸ケーブルシステムについて詳細に説明した。そして最後に中国電信総局幹部の訪日を要請した。(35)こうして当初のミッションを終えた板野学副社長ら一行は、一〇月一六日に帰国した。中国側が購入した衛星通信システムは、早くもその月の一九日に東京―北京間で電信回線（衛星）二回線を、一二月五日には同区間で電話回線（衛星）を三回線増設した（電話回線は合計六回線）。(36)

こうして、中国政府は、太平洋上のインテルサット衛星と、上海に設置した米国WUI製の地上局、北京の日本電気製の衛星地球局（正式の運用開始は七四年三月）、そして七三年六月に同じくWUIから購入して北京に設置した標準型の地球局とをつなげ、電話八回線、電報六回線、テレックス二回線を開通させ、(37)国際通信を改善することに成功した。実際、KDDの調査によると、国交正常化の年には日中両国の相互への関心が高まったため、国際電話の利用通数は一万九九九一通（前年度の三倍増）、電報は四八万一七五通（前年度の一・四五倍）に達したという。(38)

このときKDDは、これら衛星通信とともに、海底ケーブルの布設を期待していた。実際、その年末には陸揚局の候補地のひとつである沖縄での第一次調査を実施していた（翌年三月に第二次調査実施）。(39)KDDとしては、一九六二年四月二四日から東南アジア海底ケーブル（SAFEC）会議が開催され

図6　KDD 菅野社長と握手する梁健団長

た際にも、沖縄をアジア通信ネットワークのハブ拠点にするという構想をもっていたのである。しかし、このKDDの沖縄拠点構想は、容易には実現しなかった。

東京会談

一九七三年一月一日、毛沢東《もうたくとう》は、周恩来が批准した外交部、国家計画委員会の「日本と協議した中日海底電纜建設問題に関する報告」を承認し、これによって中国政府は日中海底ケーブル建設を進めることを決定した(40)。同月八日、KDDの招聘を受けた中国電信総局技術局副局長・郵電科学研究院革命委員会主任の梁健《りょうけん》を団長とし、上海市電信局工程処の王建中《おうけんちゅう》処長を副団長とした海底ケーブル技術視察団一一名が来日した（図6）。滞在期間は、ほぼ一ヵ月間の長期が予定され、一行の受け入れはＫＤＤの新川《しんかわ》浩《ひろし》常務が担当した。技術視察団に通信上の便宜をはかるために、滞在中の一月三〇日から、日中間で国際テレックスの取扱いを開始できるようにはかられた。

このとき中国の技術視察団はＫＤＤ側と二一回におよぶ会議を開いた。協議内容は、海底ケーブル方式とその布設・伝送設備、回線構成、中央局設備、布設船設計などの一般的事項のほか、海底ケーブルシステムの開発や、布設計画に関する具体的な内容も含まれていた。この東京会議では、将来の通信需要と同軸海底ケーブル方式の回線容量も考えあわせて、容量四八〇回線のケーブルが妥当だと判断された。(41) 日米間を結ぶＴＰＣ–１が一二八回線、日ソ間を結ぶＪＡＳＣが一二〇回線であったことと比べると、当時としては桁外れの回線容量を備えたものであった。さらに、梁健一行は、日本大洋海底電線株式会社（以下、ＯＣＣと略）の新山下神奈川工場を視察したほか、日本国内二七ヵ所の関連機関を訪ねた。

また初代電信総局長の鐘夫翔からも、北京の日本大使館を通じて、三月二二日から二週間あまり通信事情視察のため来日したいとの申し入れがあった。鐘夫翔は、電信総局が郵電部に改組された後も(42)郵電部長兼党組書記を続けており、一九七八年一〇月まで日中間海底ケーブル建設事業の主導的立場にいたひとりであった。久野《くの》忠治《ちゅうじ》郵政大臣は、中国側の意向を汲み、中国電信総局の鐘夫翔局長、李玉奎《りぎょくけい》副局長、一月の視察団を率いた梁健技術局副局長、工業局の馬生山《ばせいざん》副局長、上海市電信局の陳松《ちんしょう》局長、北京長途電信局の張秀健副局長ら一三名を日本に招聘することにした。訪日団の最初の活動は、日中間海底ケーブルの建設事業について協議することであった。

こうして一九七三年三月二二日から、KDDと中国側との間で東京会談が開催された(43)。会議に参加したKDD海底線調査室調査役の吉田和男は、このときの様子について、次のように述べている(44)。

会合が東京で開催され、ホテルニューオータニが会場となりました。陸揚げ地の選定、海底ケーブルの回線容量、建設スケジュール、システムの調達方法、予算と分担など基本的な事項について議論がありました。この会合では日本側がさまざまな資料を提供し、それについて中国側が質問するという形に終始したという記憶があります。私は提供する技術資料の取りまとめを手伝い、会合にも出席しました。

吉田の話からみれば、日本側から海底ケーブル建設に関する事業概要の説明にとどまらず、日中双方がこの建設事業に関して相当に具体的な話し合いをおこなったことがわかる。約二週間後の四月二日に、日中双方は次の六点に合意するにいたった(45)。

（1）布設は、日中通信に使用するとともに、第三国通信にも使用することを目的として（注：以遠権の承認）、ケーブルの早期完成を期するとともに、容量についてもこの目的に沿い得るように大容量のものとすること。

（2）建設・保守・運用協定の当事者は、日本側がKDD、中国側が上海市電信局とすること。

（3）陸揚地点は、中国側が上海地域を予定し、日本側は未定であること。
（4）費用と所有関係は、原則として投資は折半、所有も折半にし、回線の割り当てなど具体的事項については引き続き協議をすること。
（5）調査、設計、工事などは共同の責任で実施すること。
（6）建設の時期は、当事者協定締結後三年前後、すなわち一九七六年を完成予定とし、短縮でき得るように協議を続けること。

このうち、（3）で言及された陸揚地については、中国側は早々に上海に決定していた。日本からもっとも近い上海のうち、船の出入りが少なく、長江の河口と杭州湾がクロスする場所で、なおかつ堆積泥率が低い海岸地帯にある南匯《ナンフイ》県蘆《ろ》潮港《ちょうこう》が陸揚地に決定されたのである（現在の上海市浦東新区蘆潮港鎮）。ところが日本側はまだ調査段階で、沖縄あるいは九州を候補地としているとだけ伝えたが、中国側は陸揚地未定ということに不満を抱いた。そもそも陸揚局の選定基準は、技術面からみれば、①海岸に岩礁がなく砂浜で大型船が接近しやすいこと、②陸揚地を出発点として好ましい布設ルートが設定できる場所であること、③漁労や投錨、採鉱などケーブルに損害を与える可能性のある海上活動がないこと、④国内連絡線の建設あるいは利用が容易であること、⑤その後背地に陸揚局を建設するのに十分な土地が取得可能であること、⑥電力の供給が安定していることなどが挙げられる[46]。これらの点を踏まえて、中国側の意向としては、戦前に布設されていた上海—長崎線に準じて、日本側陸揚地を長崎とすることを希望していた。ところが、上述したように、ＫＤＤは日中間海底ケーブルを東アジアのローカルな通信にだけ利用することを考えてはいなかった。ただし、沖縄は、まだ本土との間で海底ケーブルが布設されていなかったため、上述の④の点で課題を抱えていたし、沖縄に米軍基地があることで「中国側は沖縄を除きたいと強く要請したといわれる」[47]。このときの協議で、陸揚局の設置は、ほぼ九州に絞られることになったようである。

　このほか、東京会談で紛糾したのは、とりわけ文書の形式（名題または外題）についてであった。中国側は日中両国による政府間文書であることを明確にするために、日中航空協定や日中漁業協定のように「協定」あるいは「協議」という用語を用いることを主張した。一方、日本側は、これらの外交用語を使うと外務省管轄となり、あわせて国会での決議、批准などの手続きが必要とされるため、郵政省管轄の問題ではこれを承認できないと説明した。郵政省としては、代わりに「議定書」という用語を使うことを主張したが、中国側はこれを受け入れなかった。結局、東京会談では、文書形式についての結論が出ず、継続審議となった。いっけん形式的な話にみえるが、文書形式の問題は、この建設事業の性格を決定づける核心的な問題であった。

　こうした双方の協議の合間をぬって、鐘夫翔局長一行は、国際ケーブル・シップ株式会社（以下、ＫＣＳと略）から招かれてＫＤＤ丸（約四三〇〇トン）でケーブル船の機能の説明を受けたり[48]、ＯＣＣ新山下神奈川工場で海底ケーブルの製造現場を視察したりした[49]。とりわけ、中国側はケーブル布設船建設に頓挫していたために、ＫＤＤ丸の見学は絶好の機会だと捉えたに違いない。
ともあれ、協議の結果、日本側の建設事業の実務担当はＫＤＤに決定し、社内ではその対応に向けた組織体制が整えられた。のちＫＤＤ海底線調査室に異動した吉田和男の記憶によれば、次のように担当が決められたようである。(50)

社内では国際部（協定面）と海底線調査室（技術面）が担当することになりました。〔海底線調査〕室内では志村（静一）室長以下一〇名程度が担当し、社内には陸揚げ局やケーブル船を担当する部門と海底ケーブル方式の開発を担当する研究所が協力する形となっていました。

室長の志村静一（のち常務取締役に就任）は、東京工業大学卒業後、国際電気通信株式会社、逓信省、電気通信省、電電公社を経て、一九六〇年にＫＤＤ入りした。その後、ＴＰＣ-1、ＴＰＣ-2、日中間海底ケーブル、ＯＫＩＴＡＩケーブル（沖縄―台湾）、ＯＬＵＨＯケーブル（沖縄―ルソン―香港）、ＪＫＣ（日本―韓国）などの建設および関連技術の開発を担当し、いわばＫＤＤにおける同軸海底ケーブル推進グループの中心人物であった。
こうして、社会主義体制中国と初めて合同建設事業をおこなうＫＤＤと、国際ケーブルビジネスの経験がない中国とが、それぞれに戸惑いながらも、共同事業を始めることになったのである。

北京会談

東京会議から約一ヵ月後の四月三〇日、中国電信総局の鐘夫翔局長からの招聘を受けて、久野忠治郵政大臣を代表とした日本側一行が、一週間の滞在予定で中国入りした。随行員は、久野まさ江（忠治夫人）、広瀬弘官房長、郵政省の牧野康夫電気通信監理官、奥田量三参事官、KDDから板野学副社長、海底線調査室の志村静一技術担当部長、吉田和男調査役、社長室審議担当景山第一課長、日本電信電話公社の緒方研二理事ら、総勢一四名であった。

日中航空協定の締結が日華議員懇談会（台湾との関係強化をめざす議員連盟）の反対で難航するなかでの訪中であったが、田中首相としては、なんとか日中共同声明発布後の目に見える実績をあげる必要があり、久野大臣はその意を受けて北京入りしたのである。中国側の北京会談参加者は、鐘夫翔局長、郵電科学研究院革命委員会の梁健主任らであった。

北京会談の会場としては、電信総局の庁舎と北京飯店が選ばれた。KDDの吉田和男は、この会談にも参加しており、次のように語っている(51)。

この会合では日本側が計画の基本事項について案を示し、それに対して中国側が質問するという形になりました。質問の中には中国側の主張が含まれており、中国側が建設責任の対等折半とシステムの国際競争調達を主張したことで日本側に強い戸惑いが生じたことを記憶しています。

そのほかシステムの国際競争調達や、東京会談で継続審議扱いとされた合意文書の形式などについて話し合われたほか、陸揚地の明確化、ケーブル使用の以遠権の問題についても協議された。もっとも揉めたのは、やはり文書形式の問題についてであった。久野大臣としては、日中間海底ケーブル建設事業を実現させるため、日中航空協定や日中漁業協定のように外交問題として国会で審議されることを避け、日本の郵政省と中国の電信総局(のち郵電部)との間で締結するという形式を採る方針だった。一方、中国政府としては、反日感情がくすぶる国内の諸勢力を説得するうえでも、この合意文書を政府間協定の成果としてアピールする必要があった。それは、周恩来総理の指示を受けてのことだった。このように、この海底ケーブルの共同布設事業が、両国間の外交問題なのか、行政部門同士の共同事業なのかについて、日中双方ともそれぞれの思惑にずれあった。むろんこの布設事業を外交協定として取り扱うことになると、航空協定と同様に、その実現が難航することは予想されたことだった。

こうして文書形式をめぐる協議が暗礁に乗り上げたときに、電波監理局の牧野康夫(刑法学者牧野栄一の息子)は、Arrangement の訳語として日本側は「取極」、中国側は「協議」の文字を別々に使用することを提案した(52)。これは、日本の政府部内、中国政府との関係というさまざまなファクターを勘案しつつ、すみやかに解決するための政治的な妙手だった。ただ牧野の提案をそのまま日中双方とも受け入れたわけではなく、事態は紛糾したままだった。このことは、二〇一二年八月三一日北京でおこなった元中国郵電部基本建設司長趙永源へのインタビューのなかで明らかになった(53)。

中日海底ケーブル建設の「協議」は、航空協定の締結前でありましたが、航空のほうは「協定」、海底ケーブルのほうはたんなる「協議」として調印することになりました。実際のところ、「協定」あるいは「協議」に調印するという問題については、私たち郵電部内部で何度も話し合われましたし、当時の外交部長姫鵬飛も参与しました。そして原案では私たちは「協定」として調印することになっていたのですが、当時日本には「協議」という調印のやり方はなく、「取極」があっただけでした。しかし、「取極」では私たちが計画した「協定」と整合性がとれなかったため、中国側では「中国・日本国海底ケーブル建設に関する協議」としてサインしようとしたのですが、日本側は当然これには応じられなかったのです。

中国の行政文書では、法的有効性のランクは「法律」「協定」「協議」「備忘録」の順に規定がゆるやかになる。このほか外交に属さない「機要（機密）」があるものの、日本側のいう「取極」という概念はなかった。一方、日本では行政文書に「協議」を使用する前例はなく、両者の文書制度上の違いは明らかであった。趙永源は、続けて次のように語っている。

私たちの報告はですね、国務院に対して文書を上げるのですが、このときの起草文書は私が作成しました。文書は国務院総理弁公室にあげるのですから、周〔恩来〕総理がそれを見るでしょう。普通はそれでいいのですが、〔このときの案件は〕周総理が慎重を期して、さらに毛〔沢東〕主席にも閲覧してもらい、毛主席が「同意」を示す○印をつけたことで、ようやくこのことは着手されることになったのです。この文書が私たちのところにあるということは、その執行は郵電部〔当時は中国電信総局〕が担当すべきことであったということになります。郵電部は、政府機関として、なすべき責務を上海の郵電管理局に指示したわけです。

毛沢東と周恩来の批准を経て、日中間海底ケーブル建設事業は、国家重点建設プロジェクトの一環として正式に承認されて着手されることになった。さらに、通常の業務であれば郵電部幹部の判断に任せられるが、日中間海底ケーブル建設の「取極」締結にあたっては、趙永源は外交部の姫鵬飛部長とも念入りに協議し、その同意を経てから「取極」の締結を実施したとも述べている。

こうして水面下で中国政府首脳部から批准、承認を求めるなかで、文書形式上の相違問題は急展開することになる。翌日の五月一日、労働節のセレモニーに参加した久野大臣ら一行は、周恩来総理や毛沢東夫人の江青《こうせい》らと簡単な挨拶を交わした。そして、三日、周恩来総理の招聘により、人民大会堂で正式に北京会談が開催された。日本側は、久野大臣一行のほか、宮沢喜一元首相の叔父で初代在中国大使であった小川平四郎も参加し、中国側は周恩来総理、姫鵬飛外交部長、中国電信総局の鐘夫翔局長、中光《しんこう》副局長、李玉奎副局長、外交部亜洲司の王暁雲《おうぎょううん》副司長らが参加した。

この会談で、久野大臣は周恩来首相らと一時間一〇分にわたり話し合ったといわれている。その会談の様子の一部は、一九七三年五月四日付『読売新聞』夕刊に、次のように掲載されている。

久野郵政相　昨年九月、田中首相が訪中し、日中国交回復という大きな成果をあげることができたことは、毛主席、周首相のご好意によるもので、田中首相の感謝の意をお伝えします。
周首相　これは永い間の相互の努力のたまものです。国交正常化後、半年になり、大使の交換も終わった現在、両国の実務協定が促進することを期待します。
郵政相　日中海底ケーブルの敷設は、両国を太いパイプで結ぶもので、永い間の懸案であったが、三日、鐘電信総局長と取り決めについて意見が一致しました。
首相　それは結構なことです。海底ケーブルは、実務協定の取り決め第一号ですね。取り決めは、形式より中身が大切で、実行することが重要です。
郵政相　海底ケーブルの敷設は、日中間だけでなく、中国は上海から東南アジアに、日本はアメリカと、全世界を結ぶ重要な幹線になります。
首相　日中間の郵便は、香港回りで大変遅いようですね……。
郵政相　日中間の通商航海条約、航空協定が遅れているためで、このことは帰国後、田中首相、大平外相はじめ関係閣僚に早期締結の促進について、よく伝えたいと思います。
首相　これらの実務協定を早く結びましょう。（小川大使の方を向いて）航空協定が早く結ばれるよう、あなたも努力して下さい。
小川大使　昨年の首脳会談の精神に基づいて、微力ながら実務協定の促進に努力します。
周恩来総理の二重話法はじつに巧みであった。久野大臣には、日中間ケーブル建設事業を積極的に進めることを提案し、一方でなかなか交渉が進まない日中航空協定については小川大使を通じて日本政府に改善を促したのである。ともあれ、そのときの会談では懸案となっていた文書形式の問題について、周恩来総理は次のような趣旨の発言をした(54)。

日中間における海底ケーブルの布設に関する合意文書は、取極めとか協議とかいう名称にこだわるべきものではない、要は実行である、要はこのような両国間の友好親善関係を進めるために必要な通信網の改善、このような大きな事業を進めることについての実務的な合意がなされたということは、両国国民にとって非常に意義の高いものであるし、高く評価されるべきものである、だからことばで表現すべきものではなくしてその内容である。

周恩来総理のこの一言は、文書形式の問題について、日中双方がそれぞれの形式をとることで問題ないことを了承することを意味しており、その後の会議を円滑に進めるうえで絶大な効果をもたらした。上述した元中国郵電部基本建設司長の趙永源へのインタビューのなかでも、この海底ケーブルに対する周恩来総理の意気込みを感じたといい、次のような発言があった(55)。

中日海底ケーブル建設については、周総理自らが批准したのです。その批准は、正しいものでした。周総理は、私たちに「共同開発、共同設計、共同建設」を求め、また「建成学会（建設し学びとる）」を望み、この事業を通じて、中日ともこの建設事業で技術、物質、精神、そして相互協力の面で完全に一致するように求めました。そして、このとき毛主席もこの文書をみて「同

図７　人民大会堂における周恩来総理と久野忠治郵政大臣らの集合写真（1973年５月３

意」の二字を書いたのです。この文書は、現在は、情報産業部の档案《とうあん》館〔文書館〕に保存されているはずです。

ここに出てきた「建成学会〔建設し学びとる〕」は、もともと長江大橋建設中の一九五六年に武漢で毛沢東が出した有名な指示、「堅持執行建成学会的方針」の文言に由来する。この文書については、中国側の文書館が開放されていないため確認するすべはないが、趙永源へのインタビューにより、この建設事業が周恩来総理の強力な支持のもとに進められたことは確認できた。

そして、周恩来総理の指示は、人民大会堂で撮った集合写真（図７）を通じて中国側関係者に周知されることになった。この写真は、久野大臣と周恩来総理を中央にして、その右には久野夫人、鐘夫翔電信局長、同夫人、久野大臣の左には姫鵬飛外交部長、小川平四郎初代駐中国大使、二列目左から二人めにＫＤＤ海底線調査室志村静一部長の姿が写っている。[56]この集合写真は、海底ケーブル建設が中国の国家重点建設プロジェクトであることを証明する、政治的にきわめて重要な写真となった。一九七六年の日中間海底ケーブル開通記念式典で配本された冊子『中国海底電纜《でんらん》建成開通紀念』にも、最初の見開き部分に掲載されたのは、この写真であった。現在でも、海底ケーブル建設にかかわる企業、資料館では、入口付近にこの写真を飾っている所が多いことを、筆者は確認している。

取極？　協議？

先の周恩来総理の発言が日中双方の感情を融和させ、北京飯店において郵電部基本建設司長兼海纜《かいらん》弁公室主任だった趙永源と、郵政省の牧野康夫とが話し合いながら「取極（協議）」の作成を進め、前者が中国語版を、後者が日本語版の草稿を作った。このときの日本側通訳は在北京日本大使館から派遣された外務省外務事務官の白築実《しらちくみのる》、中国側は郵電部外事司の王暁棠《おうぎょうとう》だった、と趙永源は語っている。

こうして一九七三年五月四日に、久野忠治郵政大臣と鐘夫翔電信総局長とが「日本・中国間海底ケーブル建設に関する取極」、中国側の文書名「中華人民共和国電信総局和日本国郵政省関於建設中国和日本国之間海底電纜的協議」が調印されるにいたった（傍点は筆者）。

この「取極」は七条からなり、日中両文によって書かれた。[57]

〔前文〕日本国郵政省と中華人民共和国電信総局は、日中両国間の善隣友好関係の発展に伴う通信需要の増大にこたえるため、平等互恵の原則にもとづき、友好的な話合いを経て、日中両国間に海底ケーブルを布設することについて、次のとおり合意した。
第一条　双方は、日本・中国間に十分な回線を存する海底ケーブル一条を共同で布設する必要があり、かつ、この海底ケーブルは、日中両国間の通信に使用されるとともに、他の諸国との間の通信にも積極的に使用されるものとする。
第二条　このケーブルの建設については、日本側は国際電信電話株式会社、中国側は上海市電信局が建設当事者である。双方は、両建設当事者がこの取極にもとづき、このケーブルの建設および保守に関して具体的な協定を締結することが適当であると考える。
第三条　このケーブルの建設の費用（海底調査の費用、海底ケーブル、中継器、等化器、海底ケーブル端局装置および給電装置の費用等を含む。）は、両建設当事者がそれぞれ半額を負担し、ケーブル建設完了後の所有権も折半するものとする。回線使用については、両建設当事者が平等互恵の原則にもとづいて具体的に協議・決定するものとする。
第四条　このケーブルの陸揚地については、両建設当事者が相互に協力して技術的調査を行なったうえ、早急に協議・決定するものとする。
第五条　このケーブル建設のための海洋調査、設計および施行については、いずれも両建設当事者が共同して実施するものとする。

第六条　このケーブルの建設は、両建設当事者が建設および保守に関する協定を締結してから三年前後で完成し、使用に供するものとする。

第七条　この取極は、署名の日から効力を生ずる。

とくに、第一条で、このケーブルの以遠権が明記されたことは、戦前にグレート・ノーザン（大北電信）、イースタン・テレグラフ（大東電信）両社に付与されていた通信特許権を打破するものとして意義深いものであった。つまりこの第一条によって、ケーブルが日中二国間だけで使用されるのではなく、東京あるいは上海に接続された通信ケーブルを経由し、世界各地との送受信通信に役立てることが明らかにされたわけである。日中共同声明発表後の中国政府は、通信環境の改善を強く意識しており、西側諸国との通信を促進させるために日中間海底ケーブルの建設に期待するところは大であった。

この文書の形式が「取極（協議）」となるまでに議論が重ねられたことは上述したが、じつは日本国内でも国会の逓信委員会などで紛糾した。同委員会で、社会党の森勝治の質問に対して、久野忠治郵政大臣は、次のように答弁している(58)。

郵政省設置法の第四条二二の四の規定に基づいて、この取りきめが行なわれたわけでございます。御存じのとおり、この第四条二二の四は「法令により委任された範囲において、電気通信に関する国際的取極を商議し、及び締結すること並びに国際電気通信連合その他の機関と連絡すること。」ということが郵政省の権限として認められておるような次第でございます。この法律の規定に従って、この取りきめが行われたわけでございます。（中略）それぞれの国の外交権の発動としての国際協定とは、法律上の性質を若干異にしていると私ども理解しております。

野党議員の質疑は、久野大臣が「通常協定」を締結したと意識しておれば外交権限への越権行為となり、これをネタにして国会を紛糾させ、自民党を追い詰めることを目的とするものであった。ところが、久野大臣の答弁によって、この「取極」は外交機関による「通常協定」ではなく郵政省と郵電部との間で締結された「行政協定」であることが明確にされたことで、野党側の政治的思惑は成功しなかったのである。

双方の組織系統

中国側は、郵電部の鐘夫翔部長、基本建設司長兼海纜弁公室主任の趙永源らが中心となって指揮をとり、建設当事者には上記の「取極」第二条に記載されているように上海市電信局が担当することになった。「取極」調印後の一二月、郵電部の復活とともに、上海市電信局は上海市郵政局と合併して上海市郵電管理局革命委員会に改組・改称された（一九七八年三月に上海市郵電管理局に改組・改称されるまで、この名称が正式名称であったが、以下ではたんに上海市郵電管理局と略す）[59]。その上部機関は、むろん郵電部であり、上海市郵電管理局は郵電部の指示のもとに動く実務担当組織であった。

一方、日本側の建設当事者はＫＤＤであるが、郵政省の指示を仰ぐことは稀で、どちらかといえば報告をする義務を負っていただけであった。むろん、ＫＤＤは特殊会社であったため、その活動については衆参両院の逓信委員会に説明する義務もあったが、日中間海底ケーブル建設事業の推進にあたっての決定機構はＫＤＤ社内にあった。そうした点で、日本と中国では、この共同事業の組織系統がまったく異なっていたということになる。

五月五日、「取極」調印後の帰国途上、上海でＫＤＤ板野学副社長と上海市電信局の陳松局長との会談がおこなわれた[60]。会談では、六月上旬をめどに第一回建設当事者会議を開催することが決定された。ただ、このときは日中双方とも、建設事業の当事者が決まっただけで、どの部局が実務を担当するかは決まっていなかった。そこで、いそぎ中国側は上海市電信局に海纜弁公室を新設することになった。このときに召集された王《おう》渭《い》漁《りよう》の回顧文は、秘密結社結成の一幕のような臨場感がある[61]。

> 一九七三年五月一一日午前、私は上海市市外電話局で仕事をしていた。そこへ突然、上部である上海市郵電管理局から、理由が何であるか問うことなく、午後には必ず南京路の泰興ビルに行き、或る重大任務についての知らせを受けるように、という通知があった。それ以外は何も分からないままであった。午後一時、私は泰興ビルのエレベーターの中で、上海市内電話局の呂《りよ》慈《じ》麟《りん》技師と出会った。彼もまた知らせを受けるために来た、という以外何も知らなかった。こうして何と

一一名の人たちが集まったのである。その人たちとは、王建中《おうけんちゅう》、許文奎《きょぶんけい》、袁華《ママ》、呂慈麟、鄭貴松《ていきしょう》、徐志超《じょしちょう》、何雲鵬《かうんほう》、鄧祖煌《とうそいく》、夏少英《かしょうえい》、沈鏞熙《ちんようき》、(62) そして私であった。すなはち《ママ》、この五月一一日午後我々一一名が泰興ビルの八階で海底ケーブル弁公室を結成し、日中海底ケーブル建設に関する任務を専門的に責任をもって行うことになったのである。

ここに書かれている泰興ビルとは、上海市静安区南京西路九三四号にあり、現在も中国海底電纜建設公司などが入っている現用の建物である。この弁公室主任兼書記になった王建中は、郵電部の指示を受けて建設事業を主導した。戦前、王は、上海の地下共産党員、延安などの革命根拠地で活動した経歴をもつ老革命幹部であり、解放後は電信科学技術第一研究所の幹部、上海市電信局工程処の処長といった経歴の持ち主であった。上海の郵政局から副主任に就任した許文奎は秘書業務や思想工作を担当し、上海国際電台発信所の袁驊《えんか》が海底電纜弁公室主任技師（のち総工程師）に、上海市郵電管理局の徐志超が技術組長となった。そのほか、上海市内電話局郊外局主任の呂慈麟、上海市市外電話局の王渭漁や何雲鵬、無線電台の鄭貴松、上海郵電器材廠の夏少英、重慶（あるいは漢口）のケーブル製造工場の鄧祖煌など一〇名が参画した（のち約二〇〇名に増員）。鄭貴松以外は技術者であった。ちなみに、当時のケーブル製造工場は、すべて軍管理であった。

海纜弁公室成立直後の一九七三年八月から、中国国内では「批林批孔運動」が起こり、どこの組織も頻繁に政治学習会がおこなわれ、海纜弁公室も例外ではなかった。主任の王建中も、政治運動と建設事業との板挟みにあって苦境に立たされることもあったのではないかと思われたが、元海纜弁公室の技術者であった王渭漁の言い分は違っていた。二〇一二年五月一〇日、中国海底電纜建設有限公司でおこなった王渭漁へのインタビューで、王は次のように回顧している[63]（図8）。なお、インタビューをおこなった中国海底電纜建設有限公司の会議室には、図7の周恩来総理と久野大臣たちとの合同写真が、あたかもお守りのように飾られていた。

当時、外部は文化大革命の最中で、批判闘争がおこなわれていましたが、私たちはこれには参加することなく、ここ〔弁公室〕でひたすら海底ケーブルのことに集中していました。これは郵電部の任務であり、周総理の命令があったためで、いかなる人も干渉することはなかったのです。

「批林批孔運動」が起こっていたとはいえ、周恩来からの指示は金科玉条のごとく守られていたため、少なくとも海纜弁公室を含めて上海市郵電管理局で働いている際には、政治運動の影響を受けることは少なく、建設事業に齟齬するようなことはなかったというのである。

ただし、いったん職場を離れた局員が無事では済まないこともあっただろう。海纜弁公室のメンバーが初めての訪日から帰国した後、何雲鵬、夏少英が弁公室を去ったのは、政治的被害を恐れてのことであったと王渭漁は推測している。いずれにせよ、日本との共同事業を進める彼らの活動が当時の新聞ではほとんど報じられておらず、世間に知られることはほぼなかった。ただし、海底ケーブル設置にかかわる部門に対しては、国務院および中央軍事委員会が発布した「保護海底電纜規定」にも

とづき、海底ケーブル建設の重要性およびその破壊防御が喚起された。(64)

一方、ＫＤＤ側も、六月一日に、板野学副社長を委員長とする日中間海底ケーブル建設委員会を新設した（八月には海底ケーブル建設委員会と改称）。(65)まったくの偶然なのだが、同日、中国電信総局が郵電部に改組された。一九六九年に郵電部が電信総局と郵政総局に分割されてから、四年ぶりの統合・復活であった。中国電信総局の鐘夫翔局長は、この改組後に郵電部長となり、一九七八年一〇月まで郵電部党組書記を兼任した。私たちのインタビューに応じてくれた元郵電部基本建設司長の趙永源は鐘夫翔局長の右腕として、一九七九年に規画院長になるまで、日中間海底ケーブル事業推進の中核的役割を果たしていたのである。

図８　王渭漁（右）へのインタビューの現場
（壁には図７の集合写真が掛けられている）

二　建設前の日中間交渉

海底ケーブルが布設される東シナ海の遠浅の大陸棚は、漁場としてはきわめて良好な場所であったが、ケーブル建設においてはけっして好条件とはいえなかった。なぜなら、遠浅の海では、海底ケーブルが気温・水温の変化を受けやすいために送信する電気信号に減衰が起きやすいこと、漁業や停泊する船舶によるケーブル切断の危険性が高いことが、おもな原因である。さらに大陸棚の海流は、一般に想像されているよりも変化が大きく、東シナ海では東部を北上する黒潮と、その西部を南下する大陸沿岸流の影響を受けて、短時間で複雑に動き、低速度で走る船の操縦を困難にさせる。ただ、これらは技術的に解決することが可能な問題ではあった。ところが、漁業や船舶の問題は、オイルショック以来、予想されていた以上に深刻な影響を与えていることが明らかになる。

第一回建設当事者会議

一九七三年六月一一日、上海の和平飯店にて、ＫＤＤと上海市電信局との間で初めての建設当事者会議が開かれることになった。日本側は、ＫＤＤの木村光臣《きむらみつおみ》常務取締役を団長とし、海底線調査室志村静一技術担当部長、議事録作成担当者であった社長室審議担当第二課長の小関康雄ら計七名からなる一行であった。一〇日に東京から香港、そして列車で広州へ向かい、一一日に広州から双発プロペラ機に乗り、長沙、杭州を経由して上海に着いた。中国側の代表団は、上海市電信局の劉雪清《りゅうせつせい》副局長を団長とし、議事録作成担当の許文奎《きょぶんけい》のほか、海洋調査に携わる国家海洋局第二海洋研究所の局員たちも参加した。通訳には、三高および大阪帝国大学工学部を卒業した上海冶金設計院の黄弘明《こうこうめい》技師が主席通訳を務め、会議の詰めの段階では田中首相訪中のときに通訳も担当した北京大学日本語科卒業の瞿麦《くばく》も登場した(1)。

一一日から二八日までの建設当事者会議において、「東シナ海」という用語は使われず、すべて「東海」という呼称で統一された。中国側は陸揚地を上海市南匯《ナンフイ》県蘆潮港《ろちようこう》に決定したと報告したが、日本側は陸揚地について依然検討中であり、五月二二日から東シナ海予備海洋調査を実施したと報告するにとどまった(2)（会議期間中の六月一九日からは九州陸揚地第四次調査を実施）。後述するように、陸揚地選択の遅れは、安全性と効率性の議論によるだけでなく、地方自治体の誘致合戦があったことも起因していた。ともあれ、両者の話し合いによって、ケーブルの建設完成時期として一九七六年内をめどとすること、陸揚局の土地、建物、電力設備はそれぞれの当事者の責任において建設をおこない、端局設備、海底ケーブル給電設備、中継器・等化器付の海底ケーブルは双方が共同の責任において建設することなどが話し合われた。そのほか、海洋調査の目的、ルートなどについても協議され、そのまとめとして「日中間海底ケーブル海洋調査取極事項（案）」が作成された（署名は九月二九日）。(3)

このように、建設計画、海洋調査については、日中双方とも容易に合意を得られたのだが、第一回の建設当事者会議でも、「取極」締結のときと同様、議事録の文書形式について見解の齟齬が生じ、その解決に相当な時間とエネルギーを費やすことになった。最終的に議事録の名称について、日本側は両者の合意性を認める「要項」、中国側は合意性ぬきの記録である「紀要」という文言を用いることを決定し、双方の代表の署名がおこなわれることになった。さらに中国側の意見により、両者が共同で作成する「設計書」をもって合意性を示す文書形式とすることが決められた。(4)以上のような協議を経て、保守・建築協定の素案が作成されることになる。

埋設工法の開発

この会議で決定したケーブルシステム、布設工事について実見するため、一〇月三日から約二週間、上海市電信局海纜弁公室主任の王建中を団長として、システム設計班五名と布設船班六名からなる技術調査団が来日した。前者はケーブルシステムについて協議するとともに、中継器、等化器、海底ケーブル、端局設備などの工場視察をおこなうこと、後者はケーブル布設船の設計、布設工法、大陸棚における埋設工法などについて調査を進めた。(5)

海底ケーブルを埋設させるという工法は、日本では電電公社が津軽海峡や瀬戸内海を横断するケーブルで用い、大西洋でもイギリス—カナダを結ぶCANTAT-2ケーブル、フランス—アメリカ間のTAT-6ケーブルで使われていた。しかし、いずれも埋設距離が短く、CANTAT-2ケーブルのように長いものでも一八〇キロほどにすぎなかった。[6] これに対し、日中間海底ケーブルの埋設区間は七〇〇キロにも及んでおり、これほどの長距離の大陸棚を抱える地勢に海底ケーブルを布設するのは前代未聞の事業であった。この事業を実現するには、周囲温度の変化に応じて自動的に入出力比を調整する温度自動利得調整装置、いわゆるAGC（Automatic Gain Control）付き中継器と、ケーブルを埋設させる工法の開発が不可欠であった。

しかしながら、後で取り上げるケーブルシステムの場合と同様に、埋設工法についても日中間海底ケーブル事業のときに発案されたものではなく、一九六〇年代に計画された東南アジアケーブル計画の延長線上に改善あるいは実現したのである。この工法に執念を抱いた江副《えぞえ》卓爾《たくじ》（一九七六年一二月当時KCS取締役）は、『KDD誌』のインタビューのなかで次のように答えている。[7]

Q：KDDがケーブル埋設機とか埋設工法の開設に取組まれたのはいつごろだったんですか。

江副：これはね、昭和三七（一九六二）年ごろだったと思いますが、そのころ東南アジアケーブルの敷設計画の構想がありましてね。そのころから始められていました。東南アジア方面の海域には広大な大陸棚があり、こういう浅い海域では漁業が盛んですから、どうしてもケーブルを敷設しないとケーブル障害が発生しやすいんです。なんとかしてケーブルを埋設しなければならないということが基本構想としてありました。埋設機、埋設工法、AGC（自動利得調整装置）付きの中継器の開発が必要だったわけです。その後、日中海底ケーブルの敷設計画が発表され、われわれが開発中の埋設機等の使用が決められたんです。（中略）ケーブル埋設に嚮導管方式〔図9〕を採用したこともこのケーブル敷設工事の特徴です。海底ケーブルと中継器を埋設機まで安全に導くために開発された鉄製のカゴのようなものですが、これもKDD独特の開発なんです。

小規模だった埋設機の開発も、昭和四七〔一九七二〕年二月に研究所開発センターに埋設工法開発分科会が設置され、さらに昭和四九年六月に海底建設本部がこれを引き継ぎKCSと協力して日中間海底ケーブル敷設を目標に総合的な埋設機、埋設工法、KDD丸船上設備等の実用化研究、実験が急ピッチに繰り返されていきました。埋設機の形も当初はエビに似たもので掘削刃一つ一つが動くようなものを考えたこともあるんです。そういうことを繰り返しながら完成したのが七段の刃をもったノコギリ型の埋設機なんです〔図10〕。（中略）埋設機の頭部だけをピンジョイント方式にして上下に動かし、海底面の起伏に対しても安定した掘削ができるようになっています。こういう装置は現在、海底ケーブルの埋設に取り組んでいるATT（米国電話電信会社）、英国郵政省、NTT（電電公社）などにはないものです。そのうえ、重量も軽く、掘削力も浅海部用としては非常に優れた性質をもっているものです。

図９　海底ケーブル保護を訴える広報用写真にみる響導管

図10　船上に引き上げられた上下逆の埋設機

江副は触れていないが、一九六〇年代にKDDは、衛星通信の開発や、米国と連絡するTPC－1やソ連と連絡するJASCなどの海底ケーブルの建設にかかりきりになり、埋設機の開発はいったん中断されてしまった。そして七一年末になって、東南アジアケーブル布設の声が再度高まると、埋設機の開発も再開され、KCSやNTT、古河電工で独自の工法が考案されて埋設実験がおこなわれ、(8)七二年にはKDDでも本格的な開発が進められることになったのである。

このように、埋設工法の開発は、日中間海底ケーブル事業に直面して本格化した。もとより、この工法の開発目標は、①ケーブルの埋設は布設船が曳航する埋設機により布設と同時に実施できること、②最大適用水深二〇〇《メートル》、③埋設深度七〇《センチ》以上、④埋設速度三《ノット》以上、⑤埋設長数百《カイリ》、を満たすことが求められており、KDDはKCSや京都大学などの協力を得て繰り返し海岸実験と海洋実験をおこなった。KDDは、一九七四年六月海底線建設本部が研究所開発センター埋設工法開発分科会の成果を引き継ぐとともに、KCSと協力して埋設器の改良を進めた。七五年後半には、東シナ海のような強い海流のところでもタグボートの支援によって埋設機を曳航する航法援助システムが開発され、KDD丸の埋設関係設備の装備およびその他必要な改装がおこなわれた。(9)こうして、七六年三月に苓《れい》北《ほく》近海で、四月には東シナ海で総合的な実験がおこなわれて、ようやく長年の懸案だった埋設工法がいちおうは完成した。七一年に開発再開に踏み切ってから約五年かかった技術的成果であった。これとともに、江副が述べているように、船上から海底の埋設機へケーブルを安全に繰り出すためのケー

ブル嚮導管の開発が完了するにいたった。(10)

実際のところ、ＫＤＤが開発した多段刃形埋設機は、中国側の工事着手にぎりぎり間に合わせて、とりあえず完成させたという感があった。まさに綱渡りのような作業が続いていたとみられる。後日起こったケーブル障害から考えれば、この埋設機が予定された深度を確保できたか不安をもつＫＤＤの技術者もいたが、オイルショックによる漁法の変化がなければ、目標として設定した七〇チセンの埋設深度で問題はなかったと思える。

中国側の海洋調査

こうして、日中間海底ケーブル建設事業を進めることが日中双方で合意されると、次におこなうべきはケーブルを布設・埋設する東シナ海という空間（海潮流・海底地質）における綿密な海洋調査であった。海底ケーブル布設・埋設工事にとって、もっとも大事な安全性と効率性を配慮したケーブルルートを確定し、その両端に陸揚局を設置する場所を決定することが課題であった。この海洋調査の役割分担は、次のように三つの区間に分けておこなわれた。(11)

第一区間：中国の陸揚点から東経一二三度二二分〇〇秒、北緯三一度八分一八秒の点（西端点）まで。おもに中国側が調査を担当。

第二区間：西端点から東経一二〇度〇分〇秒、北緯三一度三〇分〇〇秒の点（東端点）まで。海洋部が大半を占めており、日中双方で調査を実施。

第三区間：東端点から日本の陸揚点まで。おもに日本側が調査を実施。

これらの調査については、当時この作業を担当した永田秀夫が記録した『日中間海底ケーブル中国側実施海洋調査立会乗船出張ノート』（一九七三年一〇月二五日）が残されている[12]（以下、『永田調査ノート』と略称）。この調査ノートによると、ケーブルの布設ルートを選ぶために日中双方で交渉が開始されたのは一九七三年八月二〇日のことで、その日に海洋の統計資料を提供しあうことが決められた。調査にあたっての事前協議は、中国側は電信局の徐志超《じょしちょう》、国家海洋局の金慶明《きんけいめい》、通訳の王坤祥《おうこんしょう》、日本側はＫＤＤの永田秀夫、水野義明（通訳兼任）、海上保安庁水路部の渡辺隆三、瀬川七五三男《しめお》の四名が出席した。

交渉開始とともに、重大な問題が確認された。中国側沿岸の管轄海域の一部は軍事区域であったために、日本側の調査員を中国の国家海洋局の調査船に同乗させるかどうかについては敏感な問題として検討されたのである。中国側からすれば、軍事海域のケーブル布設工事を日本側に担当させるわけにはいかなかったが、ＫＤＤの協力ぬきに海洋調査の実施が困難なことも現実であった。

この点について、上述した元郵電部基本建設司長の趙永源《ちょうえいげん》、元郵電一号行政責任者の蔡海民《さいかいみん》へのインタビューで、海洋調査について次のような話を聞けた。

蔡：〔調査を実施したのは〕海軍でも漁業行政機関でもなく、国家海洋局です。

趙：国家海洋局です。私たちは国家海洋局の東海分局と言っていました。南海分局はもっと南のほうに調査に行っています。

蔡：国家海洋局は七年ほど前までは海軍に所属していたのです。海軍の国家海洋局ということになります。その後、それらは分割され、〔国家海洋局は〕国家の行政管理部門として、国土資源部と同様に地域のことを管理するようになります。そのため、行政組織となり、軍の組織ではなくなったのです。

一般に、中国側の海洋調査は、郵電部、上海市郵電管理局、工業交通弁公室、海纜弁公室の四者によって探査隊が編成されたといわれるが、蔡海民らの発言で明らかになったように、一九七〇年代当時の海洋調査を実際に担当したのは海軍の傘下にあった国家海洋局であった。ただ、この建設事業の案件に、総参謀部作戦部・通信部などの軍組織がどのようにコミットしたか定かではない。いずれにせよ、日本側がＫＤＤを中心とした企業連合が中心となっていたのに対して、中国側は政府・軍・行政・企業が連携して進めていたことは確かなことである。一方、ＫＤＤ側は、中国側が国家重点プロジェクトとして事業を進めていることにともなう複雑な事情を十分に理解していなかった節がある。この点は、後述するように、中国側による海底ケーブル布設船の製造計画に対するＫＤＤの協力の仕方から推測できる。

さて、実際の海洋調査については、上海から五島列島の南西に位置する男女群島あたりまで、二回実施された。第一回の調査は一九七三年一〇月三〇日から一一月三日まで。中国の調査船実践号に乗船したのは、張第一船長、曹通訳、孫政治局委員、周生活担当（いずれも名は不明）らと、日本側は上述した海洋調査の事前協議に参加した永田秀夫らKDDの四名であった。実践号は、一九六九年中国で最初の遠洋調査船として建造された（現在は中国海監総隊52と名称変更）。日本人調査担当者は、船の機関室、無線室、操舵室への入室が許可されず、また軍事海域ではデッキに出ることは許されなかった。中国側は、船舶技術の水準を秘匿し、また沿海部の海岸や、近海の防衛、警備上のセキュリティを確保するために、日本側の調査活動を制限したのである[13]。

上述した『永田調査ノート』には、この調査の中心的作業であった中国側の陸揚地の測定については、おもに海底の地質、測温（温度測定）、採水、一三ヵ所での採泥、測深（深度の測定）がおこなわれたことが記されている。調査の結果、この調査海域の温度は二五～二九度程度と温かいこと、大陸棚の海底部は二～三メートルのゆるやかな起伏がある程度でケーブルの布設に障害となるような突起がないことなどが明らかにされている。そのほか、深度五〇メートル部分では相当にねばねばした細砂があり、大陸側および九州側の各陸棚を分ける狭い五島海谷を調査し採取物を分析にかけることが必要とされた[14]。

つづく第二回の海洋調査は、当初予定よりもずいぶん短縮されて一一月九日から一一日までの三日間、調査地は日中間の真ん中あたりから日本側近海あたりであった。この調査では、許船長、孫第一政治局員、眭《き》第二政治局員、曹・銭二名の通訳（いずれも名は不明）、国家海洋局の盛忠《せいちゅう》ら、第一回とはほとんど異なる人員が乗船した。第二回調査で中国側は初めて柱状採泥器や音波を発振して海底面下の地質構造を把握する地層探査や地形の測定を実施した。このときの調査地点は一〇〇～一五〇メートル《メートル》の大陸棚が大部分であり、凹凸や傾斜は少なく、混濁流発生の可能性は低いなどの理由から、ルート選定上問題がないと判断された。(15) ただ、東経一二八度一五分から東部に向けては琉球トラフがあるため、一五〇～五五〇メートル《メートル》と急に深くなることは確認された。

ともかく日中合同による海底調査は初めての試みで、しかも中国沿海の軍事海域の問題もあり、船上での様子は緊張したものだった。そのためか、双方の調査員の気持ちをなごませるための娯楽イベントも開かれた。一回目の調査時には中国映画「紅色娘子《こうしょくじょうし》」、二回目の調査時には日本側の要望で「白毛女《はくもうじょ》」が上映された。これらは一九七二年七月に中日友好協会副秘書長の孫平化《そんへいか》を団長とした上海バレエ団が来日したときに日生劇場などで上演された題目で、文化大革命時期を代表する作品だった。「紅色娘子」は一九六〇年謝晋《しゃしん》監督による上海天馬電影作品で、同年に第一回百花賞最優秀作品賞および最優秀監督賞を受賞した作品で、「白毛女」のほうは一九五〇年王濱《おうひん》・水華《すいか》による東北電影制片廠作品で、いずれも国民党につながる「反動地主」の横暴に対して蜂起するという革命的内容だった。しかし、船上でこれらの映画を見た日本側調査員は、このときの海洋調査が文化大革命最中におこなわれていることをあらためて実感したに違いない。そのことは、第二回調査の下船後、一一月一一日におこなわれた七宝鎮《しっぽうちん》の人民公社の見学のときでも同様であったろう。

この海底調査の結果をもとにして、郵電部、上海市郵電管理局、工業交通弁公室、海纜弁公室の四者は陸揚局の設置地点、これと連関してケーブルルートの検討を進めた。経済的合理性からいえば、海底ケーブルはなるべく最短距離が望ましい。その理由は、いうまでもなく海底ケーブルや中継器が高価であり、長ければ長いほど工事費も高くなるためである。この経済的合理性に基づいて、中国側の判断は早かったのである。

日本側の陸揚地

日本側の陸揚地の決定は中国よりも半年も遅れることになった。これには、日本側の地方政治の利権問題、漁業問題が絡んでいたことによる。

日本側の海洋調査にあたったKDDは、ケーブル布設・埋設区間を外洋部、近海部、日本側沿海部の三区間に分けて進めた。海洋調査はまず外洋部から始まった。そこでは大型船が必要とされたため、一〇月二一日から二週間、海上保安庁水路部の測量船昭洋が水路測量などをおこなった。次に、近海部の海洋調査は一二月二〇日から約一週間、KDD丸が九州西岸でおこない、沿岸部の海洋調査は一二月一七日から年明けの一月一五日まで三洋水路測量株式会社に依頼して実施された(16)。

こうした海洋調査と並行して、日本側の陸揚局の設置場所も検討されたが、布設ルートを含めて簡単には進まなかった。当初、日本側は、沖縄、長崎、鹿児島の三ヵ所を陸揚局の候補地としていたが

（図11）、早々に沖縄の候補が取り下げられたのは一章でみたとおりである。九州地方の最終調査は、一一月二五日から一二月二日に実施された[17]。このとき熊本県が突然のように候補地として浮上する。当時ＫＤＤ海底線建設本部技術部に所属していた江幡篤士《えばたあつし》は、陸揚局の選定業務の担当者のひとりであったが、次のように筆者に語ってくれた[18]。

最初は、上海から最短距離で条件のよさそうだったのが、鹿児島の串木野だったのですね。それを第一案として考えていて、あとは沖縄もひとつ考えていました。それから熊本は苓北、長崎は野母《のも》半島の先端。その四ヵ所を候補にして、どこに陸揚局を作るのかということを考えていました。それが、プロトルートですね。四つのプランのうち、一番経済的にもいいのが、たぶん鹿児島の串木野だと思います。そういう意味では、ルートは上海沖のいろいろな島を通り抜けたところから、あとは経線に沿って、

図11　日本側の陸揚候補地

まっすぐ串木野に向かっていますから。そのままいけば、串木野に入るルートになっていると思います。実際の海洋調査は、当時昭洋という海上保安庁水路部で新しく作った船、それを使うことに決まりました。それで、その昭洋の年間活動がありますので、そのうちの日中ケーブルの海洋調査にあてる期間はこれだけという期間が先に決まりました。沖縄に向かうルートには途中ちょっと複雑な地形が入っていること、またKDDは当時国際通信を専らにおこなうため沖縄から首都圏を結ぶケーブルがないこともあり、早めに候補から落とされました。いまであれば、沖縄から関東まで海底ケーブルを持っていますし、JIH〔環日本列島情報ハイウェイ〕も入っています。そういうケーブルがない当時は国内の回線料の負担問題および沖縄―本土間は回線容量の制約があって、沖縄ルート案はある程度早めになくなりました。次に、昭洋による海洋調査の実施計画段階で、串木野ルートを第一候補と決めましたので、野母岬ルートを候補から外しました。しかし、海洋調査を上海沖からスタートした段階でも串木野にケーブルを陸揚げする許可が下りなかったため、次善の候補である苓北ルートに変更しました。

将来的に布設される国際ケーブルを考えると、沖縄は利便性が高いという意見は妥当なものであったが、沖縄と日本本土との間に海底ケーブルが布設されていなかったことや、中国側の反対があったことにより却下された。むしろ中国側が望んでいたのは、過去に上海と海底ケーブルでつながっていた長崎であった。しかし、長崎の海底部にはぎざぎざの岩礁が多く、砂地のところでは貝の底引網業がおこなわれていたこと、海底を深く掘り起こす可能性のあるトロール漁が盛んなことがあげられ、ケーブルにとっては危険と判断された。トロール漁は、マイワシを筆頭として、マサバ、アジ、カツオなどの魚群を網で大きく巻き、運搬船に積み上げて漁獲するもので、省エネ・操業コスト削減のために網船と運搬船の二隻で船団を組んだり、大中型まき網漁になると、網船、探索船、運搬船など四〜六隻で漁獲作業をおこなったりするものだった。また、鹿児島でも貝の底引網業は盛んであり、海底を掘り起こす可能性があると判断された。ただ、一九七三年一二月五日のＫＤＤ定例常務部長会での報告内容によると、長崎の漁協とはどうも漁業補償の交渉がうまくいかなかったことも候補をはずした要因のひとつであったようである(19)。

陸揚候補地の選定には、漁業形態以外の別の要因も働いていた。じつは陸揚の候補地となった鹿児島県には金丸三郎、熊本県には沢田一精という親台湾派の知事がおり、日中間海底ケーブルの陸揚を渋っていたために、陸揚地の決定は難航していたのである。一方で地元自治体は、予定外の山口県も含めて、いずれもが陸揚地の誘致に積極的であったため、地元出身の政治家を通じて働きかけをおこなっていた。ＫＤＤはそれぞれの地域の地元漁協との交渉を進めた。

そうしたときに、ＫＤＤの最初の三つの候補地にあがっていなかった熊本県天草郡の苓北町案が浮上した。この地が故郷であり選挙地盤であったのは、自民党の園田《その》直《だ　すなお》議員だった（のち園田議員は福《ふく》田赳夫《だたけお》改造内閣のときに外相として日中平和友好条約を締結）。陸揚地の選定について、園田議員の働きかけがあったのかどうか。園田議員が第二次大平正芳内閣の外務大臣を離任した直後の一一月二八日に開かれた第九〇回国会・参議院決算委員会で、この問題が取り上げられている。質問者は、日本共産党の安武洋子《やすたけひろこ》委員であり、答弁は大西正男郵政大臣がおこなっている。安武委員は陸揚地の選定に地元（熊本県）と政治家（園田議員）の政治的癒着があったのではないかとして政府を糾弾したのである。(20)

当時の町長さんをなさっていた森実さんという方にお会いしたんです。森さんの御記憶では、昭和四八（一九七三）年五月ごろに上京なさったそうです。そうした際に、園田さんに会われたんです。そうすると、園田さんの方から、いまや国際化社会だ、国際電話もこれからは盛んになる、通信衛星を使っての電話ではスパイをされることもあるので海底ケーブルを使うような計画がある、陸揚げ場を苓北に持ってきてはどうか、こういう話を持ちかけられたというんです。この森町長さんというお方は、日中海底ケーブルをめぐってそんな話があるんだなということをこのとき初めて知ったと、こう言われているんです。御承知のように、苓北町といいますのは熊本県の天草郡で、園田前外務大臣の地元でございます。この天草郡の河浦町は園田さんの御郷里でございますが、苓北町というのはＫＤＤとの間に問題にされております常磐開発の木山社長さんのお兄さんに当たられる方がおられるんです。この方は、園田さんの後援会である晃山会の天草郡の連合会の元会長さんなんです。で、園田さんにとりましては、まさにここは地元中の地元というところでございます。しかも園田さんは当時逓信委員をなさっていらっしゃるわけです。四八年四月には候補地にもなかった、こういう熊本県が、六月には急にあらわれてくる背景、これにはこういうふうな園田さんからの働きがあったし、仕掛けがあったという疑惑がきわめて私は濃厚だと思うんです。

園田議員の影響を払拭できない政治的な理由は確かにあったが、彼が政治権力を行使したとする安武議員の根拠は薄弱だとみなされ、その後の委員会で取り上げられることはなかった。[21] この問題について、その後の状況を知るために、筆者は安武議員秘書に確認したが、答弁内容以上に明確な根拠があったという返答はなかった。

政治的影響力行使うんぬんについてはともあれ、一九七三年一二月二〇日に中国側の陸揚地決定から半年近く遅れて、日本側陸揚地が苓北町白木尾海岸に決定した。熊本県の広報紙によると、KDDが苓北町に陸揚局の設置を決めたのは、①天草下島付近の海底に岩やがけがなく布設工事がやりやすい、②海底ケーブル切断の原因となる底引き網漁業などが比較的少ない、③国内の電電公社マイクロ幹線との接続に便利である、④陸揚局の用地が取得しやすいなどの理由からであったという。[22]

第二回建設当事者会議

二回めの建設当事者会議は、一九七三年一二月一二日から東京で開催された。中国からは上海市郵電管理局の劉雪清《りゅうせっせい》副局長を団長とする一〇名が来日し、KDDからは板野学副社長、増田元一常務、木村光臣常務、関係部課長らが会議に出席した。当時、中国側は、郵電部が電信総局を吸収したのにともなって上海市電信局が上海市郵電管理局に改組され、まだ組織が再整理されていない時期であり、中国側の交渉のスタンスは微妙であった。しかし、通訳の塚本栄彬《つかもとてるよし》の活躍もあり、多くの合意が得られた重要な会議となった。

会議に参加した海底建設本部の吉田和男は、この会議の中国側の様子について、次のように語っている。(23)

この会合で計画の主要事項が合意されました。陸揚げ地、回線容量、埋設によるケーブル保護、建設スケジュール、調達方式（共同直営という珍しい形式で日本の製品を調達して建設）、建設分担（中国側も布設工事実施区間を持つ）などが決まりました。日本側は中国側に対してさまざまな知識面での支援をおこなうが、共同建設者としての相互協力の形でおこなうこととなりました。中国は文化大革命がまだ続いており、中国側の出席者（特に技術者）が神経質になっていたようでした。

ここでいう「計画の主要事項」とは、システム設計、財務・発注関係事項、一九七四年のスケジュールなどについての協議を指している。そのほか、日本側の陸揚局は熊本県の苓北町が選ばれたことも報告された。さらに、後述する「日本・中国間海底ケーブル建設保守協定案」「日本・中国間海底ケーブル建設に伴う技術情報の取扱いに関する協定案」が作成され、両国での調印を待つことになった。ただ前者の保守協定案を作成する際にも、文書形式の問題でもめた。つまり、日本側は「協定」、中国側は「協議」という文言を使うべきだとお互い主張しあったが、結局「海洋調査取極」と同じやり方で文書交換したらよい、「日中語があうようにした、字が異ってもよい、それぞれの適切なものをつかう」との判断から滞在中に署名することになった(24)。

CS-5M方式

このときの会議では、ケーブルシステムにKDDが開発した音声級四八〇回線／四キロヘルツを保証するCS-5M方式の採用について原則的に合意が得られたといわれる。それ以前の日中間の通信環境と比べて、この四八〇回線という容量が示している通信能力を的確に表現した『読売新聞』の記事を引用しておこう(25)。

> 現在の衛星による日中間の回線数が電話八回線、電信一一回線であるのにくらべると、〔日中間海底ケーブルの回線数は〕飛躍的な増加となる。当分の間、日中間だけでは使い切れないので、このケーブルを経由して、中国―日本―アメリカ間、あるいは日本―中国―朝鮮民主主義人民共和国（北朝鮮）およびベトナム民主共和国（北ベトナム）間の通信の活発化を期待しているという。

この新聞記事が描くように、当初日中間海底ケーブルの通信需要は多くが見込まれなかったものの、日本からは中国をはじめ北朝鮮や北ベトナム、一方中国からは日本をはじめ米国など西側諸国との通信を確保する手段として期待された。すなわち、日中間海底ケーブルは、アジア圏におけるローカルケーブルとしてだけでなく、世界的な通信ネットワークにも接続されることがすでに計画されていたのである。

ＫＤＤは、新しいケーブルシステムの開発を本格的に進めるために、社内にあらたにＣＳ‐５Ｍ方式開発作業班・等化班を設置した。そこでの開発は、一九七四年八月に新規発足した海底建設本部技術部が継承することになり[26]、その翌月に完成させたのである。

ＣＳ‐５Ｍ方式は、絶縁外径一インチの無外装海底同軸ケーブルを用い、一三・六キロごとにトランジスターを使用した硬直型双方向の中継器を挿入する構造であった。開発時間が少なかったため、一九六七年からＫＤＤと電電公社とが協調して東南アジアとのケーブル接続を念頭において開発を進めていたＣＳ‐12Ｍ方式（通常の回線容量一二〇〇回線／三キロヘルツ）を援用してＣＳ‐５Ｍ方式の開発が進められた。実際、日中間海底ケーブルは、それほど大容量の回線数を必要としておらず、中距離、中容量で対応できると見込まれたことで、12Ｍ方式よりも安価となる５Ｍ方式が採択されたのである。将来的には、三キロヘルツの六四〇回線を想定していたともいわれている。

この回線容量について、ＫＤＤ海底建設部の調査役を務めたＭは、筆者のインタビューに対して、次のように述べている[27]。

あのとき、業務系の人たちが計算していたのを、横目で見ていたので知っているのですが、日中間の当時の通信量と中国経済の伸びからトラフィックの伸びを推測し、時間軸を横に書き、伸びを縦軸に書いていって、ケーブルの寿命って二〇年じゃないですか。二〇年でどこまでいくかと、やったのですね。それで四八〇回線あれば、かなり余裕があるということで。（中略）ケーブルだったら帯域が四キロヘルツあって品質は良いので、ＫＤＤとして中国側に提案することにしたのです。

これは、確かです。

中国側の関係者へのインタビューでも、ＣＳ－５Ｍ方式の四八〇回線という容量について、どのように判断したのかを尋ねたが、それはＫＤＤが決めたという程度の返答しかなく、容量がもつ経済的合理性については当時よくわかっていなかったようである。いずれにせよ、回線容量を含めたケーブルシステムについて、当時日本のような技術水準になかった中国側は検討し協議するものの、異論をはさむことはなく、技術面ではＫＤＤ側の提示するとおりに決まることが多かったのである。

また、温帯地方の浅海部では海底温度の変動幅が大きく、ケーブルの伝送特性もそれにつれて大きく変化し、海流の問題も看過できない問題であった。ＣＳ－12Ｍ方式で開発しつつあったように、中継器に温度ＡＧＣを付ける技術の採用と、あらたに考案した浅海システム端局等化方式の導入によって、温度変化で起こる周波数の変化で利得（出入力比）の上下が発生することを抑制する対策が取られることになった。[28]

また、四八〇回線のCS-5M方式採用を決定するまでには、日中双方でいろいろな意見が出された。このときの状況について、海底線調査室調査役であった吉田和男は、次のように述べている。[29]

日本側は当時開発中であった一二〇〇回線の方式を提案しようとしましたが、中国側から過大ではないかとの疑問が呈されました。また、社内からも第三国への回線提供に際して回線の提供単価が低くなるので、小容量が望ましいとの意見もありました。中国側に対して回線容量と建設コストの関係を示すデータを示して協議した結果、四八〇回線に決まりました。この間社内では研究所が開発していたCS-12M方式をCS-5M方式に変更することになり、私はその仕事にも従事しました。

実際には、日中合同の技術部会と業務部会とでは、この方式に対する協議内容が相当に異なっていたようである。技術部会では、一九七六年完成の見込が得られるならばCS-5Mの採用は妥当であると、ほとんど異論は出なかった。一方業務部会では、CS-5M方式の採択は、中継器、等化器、海底ケーブル、端局設備などの日本製品を全面的に採用することを意味していたために、とりわけ資材発注の方法そのものについては中国側と相当にもめたようである。中国側は、ひとつの駆け引きとして、国際競争による調達も主張した。吉田和男は、その紛糾した状況の一端について、次のように述べている。[30]

（中国側は）日本製だけでなく英国製も候補にした競争調達との主張でした。その場合システムの建設を提供業者に委ねることが必要で、これは日本海ケーブルの際にも採用された方式でした。海底線調査室長の志村（静一）さんもこれを望んでいました。しかしこの場合、ＫＤＤにとって両国の製品を完全に公平に比較することが難しく、調達過程が複雑なものになることが懸念されました。一方、中国側にとってもシステムの建設を提供業者に委ねることが国際調達の基本となっていることが、自主技術の向上を目指す中国にとっても問題のある調達方式でした。（中略）（協議の過程で）中国側から建設責任を業者に一任することへの懸念が示された結果、日本製の製品を調達する共同直営という線で妥協が成立したと記憶しています。

当時の日中間では、経済体制の違いにより会計システムが大きく異なっており、双方ともこうした面でも何らかのすり合わせが必要であると考えていた。ＫＤＤは建設費概算の協議を続けるなかでも、他国との競争調達にしないほうが日中両国による製品の開発やメンテナンスにメリットがあること、ＫＤＤが揃える温度ＡＧＣ付きの中継器は類をみない製品であること、経費面でみても他国製品と大差ないことなど説明して、中国側の説得を続けたのである[31]。

こうして、なんとか日中共同直営という調達方式に合意をみたものの、具体的な調達のやり方については、またしても紛糾した。中国側が日中貿易協定第一条によって「第一条　両締約国は、輸出入物品に関するすべての種類の関税、内国税その他の課徴金及びこれらの税その他の課徴金の徴収の方法並びに通関に関する規則及び手続について、相互に最恵国待遇を与える」やり方を主張したのに対し、ＫＤＤ側はこのケーブルは共同所有のものであるため、一般の貿易とは性格がまったく異なると説明した(32)。また、中国側はこの事業は国家管理なので、契約にあたっては対外貿易公司が企画提出を要求することになると日本側に説明した。ところが、対外貿易公司といえども外国とのケーブルビジネスは初めてだったために、「勉強したい」「ここで簡単にもめられない」「帰国して報告する」「経済も合理的に処理したい」「手本を立てたい」「発注のときさらに打合せしたい」などの発言を繰り返しており、相当に当惑していたことがうかがえる(33)。こうした日中間の制度的相違について、双方とも理解しがたく、このことは吉田が言うように「中国側の出席者が…神経質になっていた」原因であったろう。ただ、こうした感情的な苛立ち、あるいは戸惑いは日本側も同じであった。

計画設計の作成

一九七三年一二月二〇日の会議では、ＫＤＤと上海市郵電管理局との間で、海底ケーブルに関する初めての合意文書である「第一次システム設計書（計画設計）」を作成するまでこぎつけた。この設計書によると、①温度ＡＧＣ付きの海底ケーブル方式ＣＳ-５Ｍ方式を採用すること、②第一次海洋調査（一九七三年一〇月）の結果から選定したものをケーブルの暫定布設ルートとすること、③水深二〇〇メートル以浅の海域では、七〇センチを目標としてケーブルを埋設すること、④伝送路は海底ケーブル区間と国内の陸上ケーブル区間とに分けて東京・大阪―上海間に構成すること、⑤端局設備の設置工事、陸上部分の布設工事は日中それぞれで施工し、海底ケーブルの電気的布設工事はＫＤＤが実施すること、⑥一九七六年を完成目標時期とすることなどが明記された。こうして技術面ではほぼ合意がとりつけられつつあったが、発注手続きはまだ合意に達しておらず、財務関係については相当につめる必要があることを双方ともに認識していた[34]。

さらに、一九七四年二月二五日から上海で開催された海洋調査専門家会議には、日本側は小林見吉次長以下六名、中国側は国家海洋局の金慶明ら八名が参加した。この会議では、第一次海洋調査報告書に基づいて「日中海底ケーブル建設第二次工作会議報告」が作成されて、暫定的ながら布設ルートが協議され、それに適合する埋設工法の開発を推進させること、中国側は独自に陸揚工事や極浅海部布設工事、陸揚局へのケーブル引き込み工事をおこなうことが盛り込まれた[35]。当時、中国には海底ケーブル布設船がなく、工事経験も乏しかったことから、ＫＤＤとしては中国側のこの単独工事には相当に不安感を抱いていたようである。

このとき、第二次海洋調査計画や埋設調査計画についても協議されたが、ケーブル障害を引き起こす原因と想定されていたのは、東シナ海域でオッターボード（網口を開くための抵抗板）を用いる底引網によるトロール漁であった。それゆえ、埋設の深度は一メートル程度で十分と判断されてしまった。このとき、東シナ海における漁法が変化しつつあるとの認識は欠如しており、そのことが後に大きな禍根を残すことになる。

この会議でとくに問題となったのは、特許をめぐる相互理解についてであり、これまた日中間で著しく認識を異にしていた事柄であった。当時特許概念がなかった中国側は、日中共同声明に盛り込まれた「平等及び互恵」の言葉に基づいて、共同建設事業に関係する技術情報についても「相互に無償で開示する」ことを主張した。双方ともさまざまな交渉と妥協を経て、三月一六日に建設の当事者代表であるＫＤＤの菅野義丸社長と上海市郵電管理局の王致冰《おうちひょう》主任が、「国際電信電話株式会社と上海市郵電管理局との日本・中国間海底ケーブル布設に伴う技術情報の取扱いに関する協定」に署名・発効となって決着がついた(36)。王致冰は、一九四〇年に新四軍に入隊し共産党員になった老幹部で、解放後は上海警備区組織部副部長、上海電信局政治委員、七一年四月上海市電信局党委員会成立後は書記、そして上海警備区党史弁公室主任などを歴任した人物であったが、電気通信の専門家というわけではなかった。

六月三日、三七日もかかった第二次海洋調査がようやく終了した。調査に参加した人員は約二〇〇名、動員された二隻の船舶は六度にわたって航海をおこない、四八〇〇キロを走破した。ここで得た資料は整理され、日本側にも渡された(37)。

第二回建設当事者会議では、建設事業をめぐる日中双方の話し合いが具体的になればなるほど、両者の認識の差異が明らかになり、日中双方ともこれを克服するのに莫大な時間とエネルギーを要したのである。

図12　建設保守協定仮調印式の様子

建設保守協定の調印

一九七四年三月二五日から四月八日まで、北京で第三回建設当事者会議が開催された。KDDからは木村光臣常務を団長とする一四名が参加し、中国側からは上海市郵電管理局の劉雪清副局長を団長とした一五名が出席した。

会議最終日には、上述した「第一次システム設計書（計画設計）」への署名がおこなわれたほか、ケーブルの所有権は日中双方が共有とすること、建設費は折半にすることなどが記された「国際電信電話株式会社と上海市郵電管理局との日本・中国間海底ケーブル建設保守に関する協定」が成案となって仮調印がおこなわれた(38)。図12は、このときの写真であり、KDDI海底線史料館（栃木県小山市）に掲示されている。

「建設保守に関する協定」が仮調印されたことで、海底ケーブルの暫定ルートが定まり、大部分を埋設するなど工法の骨格が固まった。このほか、ケーブル建設に必要な設備の発注方式、建設費の支払手続、建設費概算などを協議し、支払手続についてはほぼ合意に達し、別途文書によって署名されることになった。しかし、システム設計、建設費概算、機材発注方式について決着がつかないまま継続審議となった。

第三回当事者会議終了の翌日から一週間、第一回業務専門家会議と第一回技術専門家会議が開催された。前者の会議では、設備発注手続きや手順について意見の一致がみられ、あわせて財務事項、保険契約についての意見交換がおこなわれた。後者の会議では、システム設計、埋設工法の採用、陸揚局の要求条件が協議、決定された(39)。両専門家会議開催の最中の一〇日、KDDは、陸揚局設置のために苓北町白木尾地区に約一万一〇〇〇平米の用地を購入する契約を締結していた(40)。

日本では一九七四年五月一日に郵政大臣から「日本・中国間海底ケーブル建設保守協定」についての認可がおりたので、その月の二九日にようやくこの協定が締結された。こうして、建設の当事者代表であるKDDの菅野義丸社長と上海市郵電管理局の王致冰主任が、それぞれ往復書簡で「日本・中国間海底ケーブル建設保守協定」に署名し、この協定が正式に発効するにいたった。

この「建設保守協定」の内容については、四月二四日に開催された第七二回国会・衆議院逓信委員会において、日本社会党阿部未喜男委員の質問に対して、板野学取締役副社長が仮調印の内容について次のようにわかりやすい説明をおこなっているので、いささか長文だが、引用しておきたい(41)。正式調印のときも内容としては齟齬はない。

第一点がケーブル区間のことでございますが、これは日本が熊本県の苓北町、中国側が上海市の南匯県ということになっております。

第二点がケーブルの容量でございます。これは四八〇チャンネルの音声級回線でやります。

それから第三点はケーブルの性能でございますが、電話、電信、ファクシミリ、データ通信等の、いわゆるそういう業務の電送を行ないます。

それから第四点はこの用途でございますが、日中間通信に使用するとともに、その他の諸国との間の通信にも使います、第三国間の通信にもこれを使いますということでございます。

それから第五点は、建設の責任でございますが、相互の陸揚げ局の土地、建物、電力設備はそれぞれが責任をもってこれを建設いたします。それ以外の端局設備、中継器、等化器あるいは海底ケーブルというものは、これは共同の責任において建設をいたします。

それから六番目は建設費の問題でございますが、先ほどもありました単独建設の部分、いわゆる陸揚げ局に関連する単独の建設の費用は、それぞれの当事者が負担をする。それから共同の部分、ケーブル、等化器等の共同の部分につきましては両方が折半をして負担をいたします、こういう点でございます。

それから七点は、このケーブルの完成予定でございますが、これは昭和五一年内にこれを完成すべく最善の努力をいたします、こういう点でございます。

それから八番目は資産の所有でございますが、先ほどの共同で建設する部分の資産は、両当事者が不可分、均等でこれを所有いたします。

それから九番目は回線の使用でございますが、日中間の通信業務のために使用する回線については、両当事者が随時協議をして何回線使用するということをきめましょう、こういう点でございます。

それから一〇番目は保守の責任でございますが、先ほどの陸揚げ局等、それぞれの責任において建設する部分についてはそれぞれの国で責任をもって保守する、共同の部分につきましては、このケーブルを大体半分に分けまして、おのおのの区間についてひとつ保守の責任を負うことにいたしましょう。

それから一一番目が保守費の点でございますが、それぞれ単独で建設する部分――共同の部分はそれぞれ共同で折半して保守費を持ちますけれども、単独の部分についてはそれぞれの当事者でこれを負担する。

それから一二番目はこの協定の有効期間でございますが、これは使用を開始してから二五年間の有効期間がございます。

大体、内容といたしましては、そういうことを協定の案文の中に規定してある次第でございます。

「建設保守協定」の主な内容は、板野学取締役副社長による説明と齟齬はなかったが、加えてこのケーブルは、日中両国間の通信に使用するとともに、他の諸国との通信には回線賃貸またはＩＲＵ（破棄し得ない使用権）の許与方式によって使用するものとすることが確認された[42]。つまり四八〇回線のうち、一部を外国の通信会社に販売することが見込まれたのである。ただ、実際のＩＲＵ購入状況を示す資料は見当たらない。

建設費と通信料

この海底ケーブルの建設費総額は、当初の見積りで約六〇億円と積算されたが（積算根拠に関する資料は不明）、ＫＤＤは竣工後、共同建設部分の投資額約五八億円の半分の約二九億円のほか、日本国内の陸上の単独建設部分の費用約一二億円を加えて、合計約四一億円を負担することになった[43]。さらに、ＫＤＤは、苓北町から本渡市《ほんど》（現・天草市）まで専用回線を引く工事費が九億円、この専用回線を埋設するための道路建設費用（金額不明）、本渡市から熊本市までの間に基幹伝送路を建設する費用約二二億円、五つの漁業協同組合に対する漁業補償金九〇〇〇万円などを負担したというから[44]、合計は七三億円あまりとなる。一方、中国側の工事費は四一五三・八三万元（約六四億六八三四万円相当）だったといわれ、根拠となる積算額は明示されていないが、中国側にとっては相当な負担だったはずである。

ＫＤＤは、海底ケーブルの陸揚地であり端局建設の現場となる苓北、天草、魚貫崎《おにきざき》、牛深《うしぶか》などの漁業組合との間で、ケーブル布設時の協力依頼とともに、布設後のケーブル保護などについて協議を続けており、四月二日には漁業補償交渉が終了した。ただ、この漁業補償金や用地買収金については判然としない使途不明な金額があった。この点、第九〇回国会・参議院決算委員会で共産党の安武洋子委員が、次のように疑義を呈している(45)。

私どもが現地の町役場で資料をいただきました。これは日中海底ケーブル陸揚地の用地買収調書でございますけれども、いま土地の買収費というのが二三〇〇万円とおっしゃいました。ところが、私どもがいただきましたこの資料というのは一五三七万九〇〇〇円です。二三〇〇万という金額とは七六二万一〇〇〇円の差がございます。それから漁業補償でございますが、私どもは現地の苓北町漁業協同組合の組合長、理事さん、樋口さんといわれる方に聞いてまいっております。これはいま九〇〇万円だとおっしゃいましたが、五〇〇万円でございます。これにも四〇〇万の食い違いが出ております。合わせますと一一六二万一〇〇〇円の違いがございます。金額的に見ますと、これはまさに三分の一のお金がどこかに行ってしまっている、行方不明である。これだけの食い違いがある。金額的に大きな額ではない。(中略)こういう結果が出てきております。

安武委員の質疑に対して、政府からは明確な答弁は返ってこなかった。ただ今となってはこれを明らかにするすべはない。

ともあれ、これら建設事業費の採算を保障するためには、通信料金の設定が要となった。これについては、第七二回国会・衆議院逓信委員会における民社党小沢貞孝委員の質問に対して、KDD増田元一常務取締役による、次の答弁によって状況がうかがえる。(46)

日中間の通信料金は郵政大臣の御認可を得まして決定されますが、ただいま私どもは、現在衛星でやっております電報につきましては一語七二円、それからテレックスにつきましては三分三二四〇円、それから電話につきましては三分二一六〇円のサービスの料金を認可申請いたしたい。同じ料金でございます。現在と少しも変わりません。（中略）（国際電気通信条約に順じて）今回の日中海底ケーブルができましたあとも、このゴールドフラン料金できめていきたいというふうに考えております。

一九七三年に中国も国際電気通信条約に加入したので、同条約第三〇条の規定どおり、国際電気通信の料金の構成および国際計算書の作成に用いる貨幣単位は金フラン料金に設定することが承認されていたので、それに相違ないというわけだった。

それから一週間もたたない六月三日、北京で第二回業務専門家会議が開催された。この会議では、発注手続きと建設費支払手続きについて合意をみた。発注手続きの仕方についても、中国機械設備進出口総公司を媒介とすることで双方の合意が得られた。ただし、システム設計についてはまだ完成されておらず、引合書（機材発注のために製造業者に示す書類）に機材の数量、仕様とも仮の形で記載されるにとどまった。

一九七四年六月一四日、ＫＤＤは上記の「日本・中国間海底ケーブル建設保守協定」に準じて、海底線調査室を廃止して、あらたに海底線建設本部を設置した。技術本部長には亀田治が就任し、この共同事業を主導した。亀田は、東北大学工学部通信工学科卒業後に逓信省に入所、一九五二年に発足した日本電信電話公社に入社するも、六一年にＫＤＤに異動。入社当初はＫＤＤ研究所で開発業務に携わっていたが、七四年に本社海底線建設本部技術部長に就任するとともに、日中間海底ケーブル建設事業にかかわることになった。その後、海底線建設本部海底線部長、海底線技術部審議役、日本アジア海底ケーブル株式会社取締役など、技術畑と管理部門を歴任した。亀田は、ＫＤＤ本社時代の記録を大学ノート八冊に綴った『Memorandom（ＫＤＤ本社）』（一九七四年六月〜一九八四年二月）として残しており、本書でも関係者の重要な記録として活用している（図13、以下、『亀田メモ』と略）[47]。

海底線建設本部発足の一〇日後、すなわち六月二四日から約一ヵ月弱の間、商船三井の吉田実船長、大槻吉蔵工事長、益本進機関長らは、横浜、長崎、上海を寄港地とし、東シナ海において日中間海底ケーブル埋設調査と日中間海底ケーブル第二次海洋調査をおこない、ルートの大部分においてケーブルの埋設が可能であることを確認した。同じころ、中国側も第二次海洋調査を実施したという。

そして、七月二二日、ＫＤＤと中国機械設備進出口総公司との間で、「日本・中国間海底ケーブル建設に必要な設備の発注手続」「同支払手続」に署名がおこなわれた[48]。これをもとにした引合書は日本電気と富士通に提出されたが、これに対して両社のほか、ＯＣＣ、取扱商社の三井物産を加えた四社の連名で応札書が出された。中国は、日本の独特な商慣習（いわゆる談合）が理解できず、KDDなどが技術開発を完了したばかりのCS－5Mシステムに関して四社が連合して応札書を出していることにクレームをつけた。(49) そのため両者の間で議論が長期間紛糾した。

図13　亀田治『Memorandom（KDD本社）』の一部

二ヵ月におよぶ対立を解決するために、九月一七日から東京で第三回業務専門家会議が開催された。KDDからは鶴岡寛取締役、志村静一取締役以下二九名が、中国側からは中国機械設備進出口総公司三名、上海市郵電管理局五名の計八名が参加した。会議では、上記の四社連名による応札書に関する紛糾は容易に解決できなかった。日中双方における発注形式、契約書、価格折衝についての認識が著しく異なり、調整はじつに難航したのである。

その後、この会議はさらに二ヵ月、結論がでないまま延長された。(50) 初めての日中合同による国際ビジネスに対して、相互の企業文化の違いについて理解不足だったことも起因したが、調達のやり方についての紛糾は計画経済と資本主義経済という国家間の経済システムの違い、商習慣の相違が大きく影響していたと思われる。当時の中国は、計画経済体制のもと「政企不分」「政企合一」、すなわち行政と企業の職責が分かれていなかった。この点、趙永源・元郵電部基本建設司長は、筆者によるインタビューのなかで、次のように語っている。

計画はですね、ただいま私がお話した計画司のところにいた王莫《おうばく》〔当て字〕という人がおり、彼が経費の管理をおこなっていました。私は基建司にいましたので、必要項目を決定してから計画任務書なるものを書き、プロジェクトとしてあげます。私たちがプロジェクトをあげ、計画任務書なるものを作成し、郵電部に報告するのです。郵電部内の部務会議、それは毎週部長が開催するものなのですが、それが開かれると計画任務書も会議にあげられます。会議には計画司はみな出席し、郵電部長も出席して、この計画書がOKだと判断すると、計画司は必要経費、つまりお金を基建司のほうに回してくれるのです。その資金から一部の資金を上海市郵電管理局に支給するのです。プロジェクトについては計画部門が策定し、計画司が私たち実施部門に資金を回すのです。こうして資金が分配されて、私たちにも与えられて、ようやく使えるようになるのです。

こうした郵電部内のやり方からすれば、日本の談合システムはまったく不可解であったろう。それでも、KDDは、引合書にみられる日本の商慣習を上海市郵電管理局側に理解してもらえるように忍耐強く説明を続けた。むろん、価格面で、引合書の内容が法外なものでないことも何度も説明された。その結果、中国側はようやく説得に応じてCS-5Mシステムを構成する中継器、等化器、端局設備、ケーブルの購入契約条件を呑むにいたった。この契約は、この建設事業に要する設備、材料のほとんどが日本製を使用するという内容であり、代替品を製造するだけの技術水準になかった中国側にとってはやむをえない選択ではあったが、文化大革命時期であったこともあり、上海市郵電管理局が上部機関の郵電部に対して経費説明をおこなうことを考えると、簡単なことではなかったことは想像がつく。

技術設計の策定

業務専門家会議開催と同じ時期、一九七四年九月一九日から技術分科会も開催された。KDD側は亀田治海底建設部長、小林好平建設部長、吉田和男技術課長、阿部典夫施設課長、永田秀夫技術部線路課長、技術課の水野義明、通訳の塚本栄彬《つかもとてるよし》らの七名、一方上海市郵電管理局側は袁驊《えんか》総工程師を代表として鄧祖煜《とうそいく》、何雲鵬《かうんほう》、そして通訳の姜柏岐《きようはくき》の四名が参加した。会議ではKDDから、①システム構成、②中継器、等化器、ケーブル、端局の仕様書の協議、③次回の技術専門家会議開催の三件が提案され、上海市郵電管理局からは、①海底ケーブルのルート、ケーブルの種別、②陸揚局の要求条件の詳細、③システム設計書の構成、④単独工事と共同工事との境、⑤準備すべき測定器、以上五件が提案され、それぞれ協議がおこなわれた。二七日の袁驊総工程師の発言のとおり、「技術設計書は重要な資料であり、これを作るのが技術関係の主な仕事。これを作るprocessを通して必要な点を合意する。当事者会議の審査によりサンセイを得る。これが日中ケーブル建設のカギ」であった(51)。

この技術分科会では、上記の日中それぞれの提案が集中的に論議されたが、とくにケーブルの種別についての議論が交わされたようである。中国側が工事を担当する陸揚地点からR－7地点までの区間で採用する種類については、硫黄含有量の多い中国領海域におけるケーブル対策が必要であり、また海潮流の影響、漁労の実態を考えて六・〇ミリ外装ケーブルを使うかどうか協議されたが、埋設工法次第と先送り審議となった。つづけて、上海側から「R11～R18の埋設不十分な所に六・〇㎜を使わなくてよいのか」との質問が出され、KDD側は「少しでも埋れて砂の移動がないところなら四・五㎜でよい」と返答した。さらに上海側は「R11～R18区間でアンカーにかかり易い」と続け、これに対してKDD側は「六㎜でも四・五㎜でも同様、merit は同様」と述べ、結局これも結論は保留となった。さらに五〇メートル以上の深海に投錨は少ないため「R18以降はKDD案は無外装ケーブル」との提案に対し、上海側は「R18以降も軽外装ケーブルを採用すれば理想的」と主張した。結局、ケーブルの類別は埋設工法が開発途中であったために結論は出ずに継続審議となった。障害が起こってからの状況を考えると、中国側からの慎重な提案はあながち間違いではなかったと思われる。

KDD側が無外装ケーブルにこだわったのは技術面の問題だけでなく、コストや納期の問題もあった。じつは、その年の八月、OCCの滝鼻取締役、笠原営業課長がKDDを訪れた際、「日中ケーブルは、無外装であれば、工期も楽である。外装では鉄線の手配と値上がりで苦しい」と訴えており[52]、KDDはこのOCCの言い分を代弁した形になっていたのである。

それに比べて、ケーブル引留装置、中継器、等化器、端局設備についてのＫＤＤ提案は比較的スムーズに合意が得られたし、発注機器の検査方法についても中国側の提案は問題なく同意された。[53]

この技術分科会が終わった後の一一月一四日、まずは問題の少なかった中継器、等化器および陸揚局に設置する端局設備についての発注方法がまとめられた。日本電気と富士通の取りまとめ役として指定された三井物産および朝陽貿易を日本側の売方として、ＫＤＤと中国機械設備進出口総公司がその買方となり、総額約三六億円の契約が締結された。[54]じつは日本電気、富士通とも一〇月三日にＫＤＤに単独見積を提出していたが、一〇月一八日ＫＤＤの業務分科会がメーカーや商社を呼び、日本電気と富士通に共同応札を採ること、三井物産、朝陽貿易の両商社に二社を選んだことを通知したのである。[55]朝陽貿易は、一九六八年鉄鋼製品の取り扱いを軸に発足し、日中共同声明発表直後の武漢鋼鉄圧延プラントの正式引合を入手するなど国家経済協力プロジェクトに参加した経験をかわれて、日中間海底ケーブルの建設、そして後には上海宝山製鉄所建設などの事業に参画する新進の商社であった。[56]

ここに至るまでの交渉過程は、日中双方にとってきわめて貴重な経験となった。つまり、日本にとっては、経済体制が違う中国との間での契約締結という経験をほぼ計画どおりに進めることができただけでなく、長年の願望であった国産品のみで建設工事を実現させることができたのである。一方、中国にとっては、海底ケーブル建設に関する初の国際ビジネスに参入できただけでなく、特殊な商習慣をもつ日本と交渉を進めるノウハウを開拓する機会になった。

そして、この日中間の発注方法の契約をもとに、一一月二六日から九日間、上海で第二回技術専門家会議が開催された。この会議では、布設ルートと埋設区間、ケーブルの長さとその種別、中継器や等化器の数とそれらの配置場所、端局設備の設計、機材の使用と数量の決定、温度AGC付き中継器を含むシステム設計と信頼度設計などが話し合われた。細部の詰めは残るものの、こうして「第二次システム設計書（技術設計）」について合意を得た。(57) 同月、端局や中継器およびケーブルの製造に関する連絡会議が開催され、翌年二月六日になって、これらについてもようやく決着をみたのである。

施工設計の確定

一九七五年一月一六日から東京で第四回建設当事者会議および技術分科会が開催された。KDD側は、板野学副社長をはじめ関係役員、海底線建設本部、経理部、資材部の関係者が参加し、上海市郵電管理局からは劉雪清副局長ら八名が参加した。まず技術分科会では、上述した「第二次システム設計書（技術設計）」を確定させ、つづいて「第三次システム設計書（施工設計）」が協議された。第三次の設計書は、機械的布設、電気的布設、端局設備工事、総合試験および完成の確認などの項目において、各工事の留意事項、日中の工事分担、工事方法、工事の実施時期および完成予定時期、完成確認の方法などを規定するものであった。そのほか、建設費概算、財務事項、調達状況の審査や設備の検査、技術協力についての話し合いがおこなわれた。

また、建設費の大半を占める機材費は「第二次システム設計書（技術設計）」によって確定してはいたが、そのほか開発費や設計費、施行日、税金、保険などの諸項目については、中国側の合意を得られず、この会議では結論が出なかった。交渉が長引いた理由は、日中両国の会計制度、賃金制度、社会的費用の概念や負担方法などの違いが顕在化したためであった。一月二七日の午前、建設当事者会議の全体会議が開催され、あらためて「第二次システム設計書（技術設計）」が確定され、翌日から建設費概算をめぐって業務分科会が開催されることになった[58]。

こうして、二月六日に「技術設計」に正式に署名されたことは、第四回建設当事者会議の最大の成果となった[59]。実際、これをもって、中国側は正式にCS-5M方式を採用することを確認し、日本製の通信機器、ケーブルの購入を承認したことになるからである。

その後、四月八日から二週間あまりの間、上海では第三回技術専門家会議と第四回業務専門家会議が開催された。前者の技術専門家会議では、日中双方の工事分担、工事完了時期、海洋部布設計画が確定し、上海市郵電管理局から日本に研修のために派遣された局員に対するケーブル接続訓練計画、発注機材の検査計画などについても意見の一致をみた。中国ではケーブル布設船が完成していないことに不安材料が残っていたものの、中国側の主張どおり、中国側沿岸・近海の八〇キロ区間における布設工事は上海市郵電管理局が担当することに決まった。

また、後者の業務専門家会議では、建設費のうち、主に人件費、設計費、開発費、布設費、建設利息、関税について協議された。とりわけ開発費や関税などについて日中間の制度上の違いがあったため、この協議も相当に難航したようだが、最終的には建設事業の概算総額が約五九億七〇二万四〇〇〇円であることで合意に達し、四月二三日には「日中間海底ケーブル共同建設部分の建設費概算（案）」が策定された（承認は五月）(60)。

同じ四月には、翌年からのケーブルの布設・埋設工事に向けて、第一回の海洋実験がおこなわれ、電気的布設の準備も進められた（第二回実験は一〇月二九日から）。また、七月二三日から二週間弱の間、東京で開催された第四回技術専門家会議において、最後の設計書として、機材、電気的布設などの諸工事に関する「第三次システム設計書（施工計画）」をめぐって協議がかわされ、最終案に至った。

さらに、一二月二日から約二週間、上海で第五回建設当事者会議が開催された。日本側はKDD志村静一取締役ほか一一名、上海市郵電管理局からは海纜弁公室主任の王建中主任ほか一六名が参加した。この会議では、その年の作業を回顧するとともに、ケーブル船利用協定、回線保守要領、保守費の支払手続き、回線の設定試験や開通式など、おもに建設後に関する諸問題について協議が進められた結果、会議要項に署名がおこなわれた。そして一二月一五日、志村静一取締役と王致冰主任とが、上記の「第三次システム設計書（施工設計）」に正式に署名をした(61)。

この設計書に基づいて、まず日中両国とも、陸上工事が着手されることになったが、これについて

図14　苓北海底線中継所

は次章で述べる。一九七五年四月には苓北町で、KDD菅野義丸社長のほか、園田直衆議院議員、苓北町町議会西川博議長、来賓ら約一〇〇名が参加した海底線中継所の起工式がおこなわれ[62]、その年の一二月に海底線中継所の局舎は完成した（図14）。

一九七六年一月には、中継所に海底ケーブルと東京・大阪・小山《おやま》（栃木県）にあるKDD中央局との間の回線の仲立ちをする搬送端局装置、これらの装置や海底ケーブル中継器に電力を供給する電力設備などを設置する工事が始まり、六月にはすべての作業が終了した。つづけて七月、この中継所は本渡、熊本経由で大阪国際通信施設局（谷町）との間で開通され、東京—苓北間の伝送路も設定された[63]。この月、中国の検査班による機器、ケーブルの検査もおこなわれた。

郵電一号の建造

中国側も、日本側の開発事業を目の当たりにして手をこまねいていたわけではなかった。上述したように、中国側は、沿岸の軍事海域については「自力更生」の精神をかかげて海洋調査、近海工事を進めることを早くから表明していた。具体的には、南匯局からＲ－７地点までの約八〇キロまでは上海市郵電管理局が工事を担当することになった。ＫＤＤも相当に危惧していたことだが、当時の中国はケーブルを自前で布設するための海底布設船を所有していなかったのである。これを調達できるかどうかは、工事分担というプランの実現を左右する重大な要だった。

じつは日中共同声明が発表される前年の一九七一年初旬、中国では９９１型の海底ケーブル布設船Ｂ２３０を建造して、中国海軍の南海艦隊に提供していた。ところが、布設船に不具合が起こり、結局は使いものにならなかった。その技術的問題を解決できなかったため、当初の計画では外国からケーブル布設船を購入する計画がたてられた。

上述したインタビューで、郵電一号の行政責任者であった蔡海民にこの問題について言及してもらった。

それはこういうことです。郵電の船は、一九七五年に中国海底電纜公司成立当時、自らの海底ケーブル船を造る必要がありました。海底ケーブル布設船の建造は、当時の国務院の批准を得ていたのです。その目的は、建設事業が終了した後、将来的に維持・運用するために、中国はこの海底ケーブルを自らの業務として発展させる必要があったのです。ただ、最初の頃は建造まで考えておらず、外国から購入すること、当時米国のＡＴ＆Ｔと交渉していたのはロングラインズ号という一万トン級の海底ケーブル布設船でした。しかし、米国側で不安を感じたのは中国海軍の存在でした。それで、彼らは中国に布設船を売ることを辞めたのです。

中国側は、米国と同時に日本とも布設船の購入交渉を進めており、一九七三年八月に船の買付交渉のために三菱重工にも来ていた。そのとき郵電部の鐘夫翔はＫＤＤに協力を依頼していた。買付についての鐘夫翔部長からの条件は、①先進的技術の船を持つ、②安い価格とする、③できれば一九七五年までに製造することであったが、さらに船の使用方法としては上海市郵電管理局などが、東海、北海、南海でも使用するということだった。ＫＤＤとしては協力できる範囲は布設設備の部分のみであり、船体や設備機関は中国側が直接三菱重工と交渉することであると伝えられた[64]。

ただし、ここで注意すべきは、ケーブル布設船の用途である。中国側の説明では、使用者は上海市郵電管理局などと説明されたが、「東海、北海、南海でも使用する」点に注意するべきだった。つまり、ケーブル布設船がこれらの海域でも利用するとの説明があれば、それらは中国海軍傘下の国家海洋局が管轄する海域区分であると理解すべきであったからである。上述したように、米国が中国に海底ケーブル船を売却することを躊躇したのも、この点にあった。ただ日本側の三菱重工やＫＤＤが、ケーブル布設船の買付について中国海軍のかかわりがあったことについてどの程度意識していたかはわからない。

ともあれ、このように中国側から提案されたケーブル船建造については、KDDとしては可能な範囲で協力するとだけ伝えた(65)。KDD社内でも、一九七四年一月の首脳陣会議で、「設計までやるのはまずい、これに至らない知識のアドバイス程度にとどまると思う。最終責任、決定権者は中国となる」との増田元一常務の発言どおりの方向で進められることになった(66)。この判断はじつに正しい。

二〇一三年二月一四日に学士会館において実施したインタビューで、KDD丸の元船長吉田実は、戦艦大和の設計者のひとりであった元海軍技術将校の牧野茂が嘱託としてKDD丸の設計に携わっており、同時に、三菱重工顧問として中国側のケーブル布設船の建設にも関与していたとの話が突然に飛び出した。吉田の発言により、中国側が三菱重工からケーブル船を購入しようとしていた件は裏打ちされた情報となった。吉田の話を続けると、オイルショックによる影響のために、船の建造費が高騰し、結局三菱重工との契約は不成立となり、造船契約はご破算になったとのことであった(67)。このころ、中国側は、予算面の問題で外国からケーブル布設船を購入するプランを断念したことだけは間違いない。

その結果、中国側は、自らの手でケーブル布設船を製造することを決めることになる。そのときのKDD側の困惑ぶりについて、海底線部の吉田和男は、次にように述べている(68)。

中国側がケーブル船や埋設機を建造し、それを用いて布設工事を担当すると主張したことで、日本側は大いに困惑しました。中国側の技術力、組織力が不足でスケジュールや予算の面で対応不能となることをおそれました。また、実行するには中国側を全面的に指導することが必要で、その負担の大きさやノウハウの流出も大きな懸念でした。しかも、中国側が指導の対価を負担せず、共同建設のための共同作業のなかでやってほしいと主張した点も受け入れ難いものでした。その後中国側を指導した人達の話では、いったん国家プロジェクトとなった後の中国の動員力や組織力は大したものだったそうです。

国産のケーブル布設船の建造を建議したのは、日本との交渉にも参加していた海軍通信処の参謀曽《そ》達人《たつじん》であった。曽は、「私たちは自らの力を信じず、また必要とする布設船を建造できないから、外国の資本家の計画に頼らざるを得ないのだ」といい、さまざまな要因を検討しながら、自分たちの手で布設船を建造することを北京の共産党中央委員会に提案したのである。曽の提案は中央政府に受け入れられ、一九七四年六月に海底ケーブル船の設計研究開発は、海軍所属下の中国船舶工業集団公司＝上海七〇八研究所第三設計研究室に委託されることになった。曽は、海軍、造船所、技術者、労働者などによって研究製造グループを立ち上げ、設備はすべて国産の機器を使用して製造に挑むことになったと述べている。

以前、技術的課題を自力で克服できなかった中国にとって、一九七五年一〇月二四日に訪日してKDD丸を視察する機会を得たことは千載一遇のチャンスであったはずである。もとよりこの視察団は、国務院副総理王震《おうしん》の要請に基づいて、郵電管理局が埋設試験小組として発足させたものだった。(69) 元上海市電信局海纜弁公室の総工程師であった王渭漁の話によれば、KDD丸視察団のなかに研究所の造船設計士長が参画することを希望し、視察を終えて帰国後、中国側が抱えてきた問題がクリアされて性能に確信を得たという。ただし、日本側からはKDD丸の設計図を提供しなかったようだったし、中国側が抱えていた問題に対して具体的な解決策を示したわけではなかったので、この視察によって、中国側の造船技術開発に直接効果があったかどうかは断定できない。ただ、このあとすぐに海軍の七〇八研究所では、991型の設計図は全面的に書き直しがおこなわれたという。

また元郵電部基建司長の趙永源の話では、埋設機は郵電部と上海交通大学とが共同開発して水深五〇メートル《メートル》以下の浅海の海底で使用されたが、さまざまな困難の連続であったという。(70) 王渭漁の話によると、ケーブルは上海電纜廠に派遣された軍代表の指揮のもとに、万難を排して海底ケーブルの製造に専念させたという。さらに、当時数百名の従業員しか抱えていなかった小規模の梧州機械廠が約三ヵ月かかって自動操舵によるケーブル布設機器を製造し、蘇州船用機械廠が螺旋歯車の製造に取り組んだとの話であった。しかし、ケーブルは日本からも輸入されており、中国製ケーブルがどの区域で使われていたのかはよくわからない。

こうして、いわば上海の軍と中小企業の技術が結集されて、一九七六年一月に郵電一号の試作船として991Ⅱ型ケーブル布設船が完成した。船長七一メートル《メートル》あまり、船幅約一〇メートル《メートル》、排水量一三〇〇トン《トン》、

図15　中国初の海底ケーブル布設船　郵電一号

図16　南海艦隊 B233

速力一四ノット、二二〇〇馬力という小ぶりの船で、四三〇〇トンのＫＤＤ丸のおよそ１／３程度の大きさだった（図15）。その形状は、ＫＤＤ丸にじつによく似ていたために、ＫＤＤ側では技術漏えいがあったのではないかと勘繰るエンジニアもいたが、実情は上記のとおりであった。郵電一号の建設に対して、中央政府は高く評価して、一九七八年の全国科技大会で最高の栄誉を贈与した[71]。

なお完成した郵電一号は、一九七六年に日中海底ケーブルの布設・埋設工事に従事したあと、翌年から九年間、北方の遼寧省から南方の広西省まで、全国の沿海八省二市、約一万八〇〇〇キロを航行し、海底ケーブル二〇〇〇キロを布設した[72]。廃船となったのは二〇〇三年一二月のことである。

この郵電一号の製造には驚くべき秘話がある。一九七五年から八三年の間に海軍が島嶼の海底ケーブルの布設に供するために、郵電一号の設計図をモデルとして中華造船廠が軍用９９１Ⅱ型六隻を製造したというのである。製造された布設船は、海軍の東海艦隊（Ｂ８７３、Ｂ８７４）、北海艦隊（Ｂ７６４、Ｂ７６５）、南海艦隊（Ｂ２３３、Ｂ２３４）の通信兵水線部隊にそれぞれ提供された[73]。このうちＢ２３３の写真が図16であり、郵電一号ときわめてよく似ていることがわかる。

いずれにせよ、日中海底ケーブル建設事業の副産物として建造された郵電一号の技術は、中国の海軍関係の情報通信網の構築に一役かったというわけである。このことは中国ではけっして秘密にされる事項ではないが、日本ではほとんど知られることのなかった事実であった。

三　海底ケーブル建設工事

一九七〇年代に建設された日中間海底ケーブルは、世界でも類をみない埋設のための技術開発、温度AGC付き海底中継器を含めたケーブルシステムCS-5M方式の開発のほか、「複式等化方式、船上等化器溶接封止装置、給電装置、伝送特性自動測定装置、各種のケーブル障害位置測定器など、これまでKDDにおいて営々として進めてきた研究開発の成果の集大成がこのケーブルに結実(1)」したといわれる。当時としては最先端の技術を中国と共有しつつ、共同建設を進めた事業であった。

工事海域の状況

図17「布設方法」の図のとおり、ケーブルの布設はA局=南匯《ナンフイ》局から、海底に沿うように海底ケーブルをゆっくりと沈めながら布設していき、B局=苓北《れいほく》局に陸揚したケーブルと最終接続すると機械的工事が完成となる。日中間海底ケーブルの場合、南匯局から海底ケーブルの布設が始まり、東シナ海の長距離の大陸棚に布設と同時にこれを埋設しながら進めていくことに特徴がある。南匯局と苓北

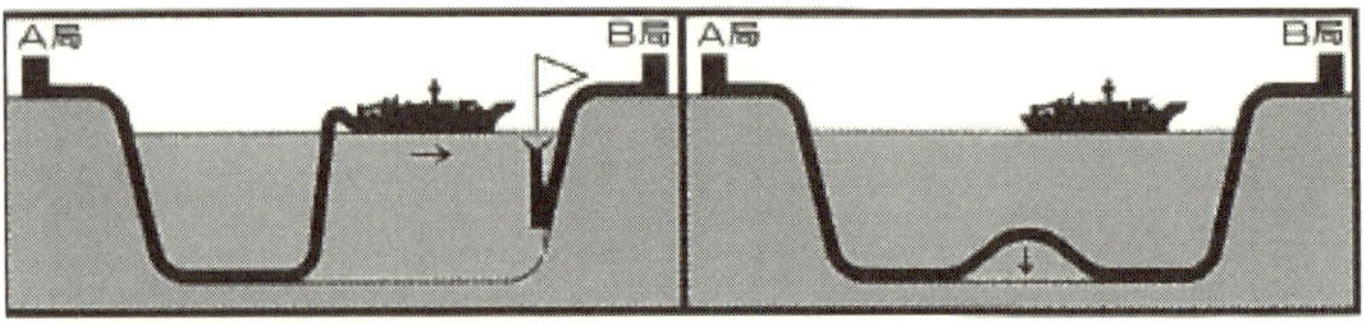

③あらかじめ布設してあるB陸揚局側浅海部分ケーブル端と接続する.

④最終接続が終ったら，ケーブルを海底に沈める.

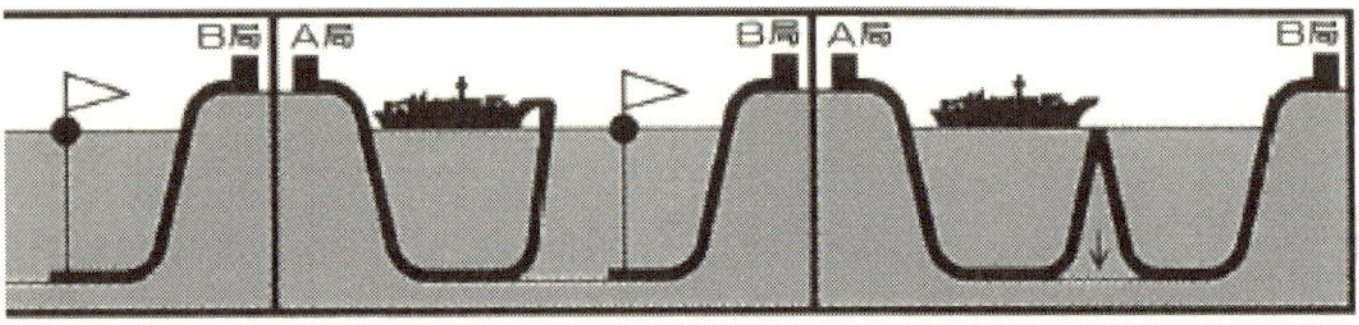

ブルにブイをつもう一方を探線

④引き上げたケーブルに修理用ケーブルを接続し，ブイに向かって布設する.

⑤ブイを船上に収容してケーブルを接続し，終わったら海底に沈める.

設方法・修理方法

局とを結ぶ八五〇キロのうち、海洋区間は九九・六％を占めると計算されたが（六頁、図2）、ケーブル長にスラック（余裕分）を見込むと、少なくとも八七二キロのケーブルが必要とされた。ケーブル船に積み込んでおいた中継器六六台（図中のR地点：一三・六キロごとに一台設置）と、等化器四台（図中のE地点：一五中継器ごとに一台設置）をケーブルとセッティングで布設していくのである。OCCがケーブルを製造し、日本電気と富士通とが中継器、等化器、端局設備を製造するなど、この建設工事で使用される機器設備のほとんどが日本製であったことが、この共同事業の特徴のひとつであった。

　南匯局から上海側の浅海部約八五キロの工事は上海市郵電管理局が担当し、そこから九州

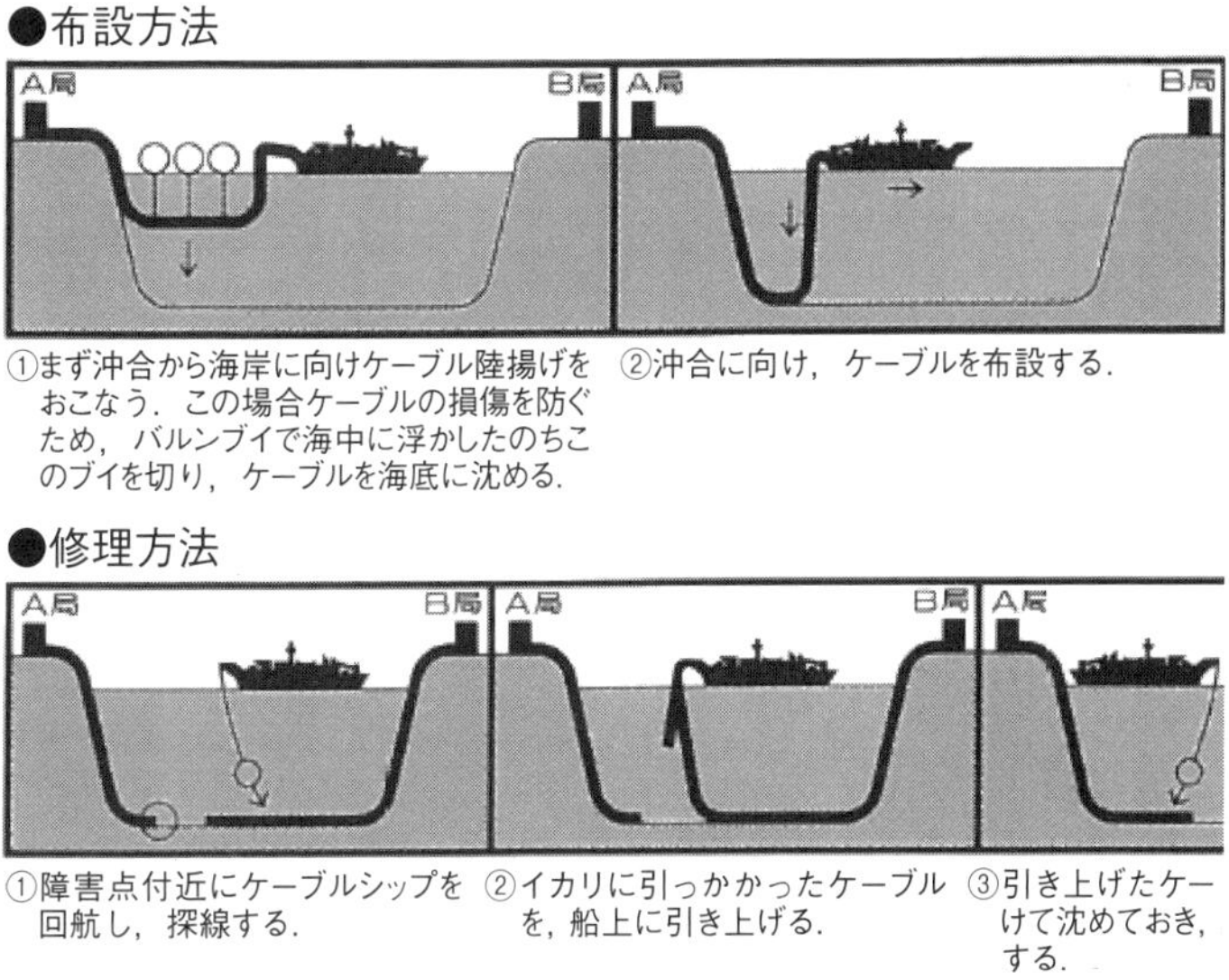

①まず沖合から海岸に向けケーブル陸揚げをおこなう．この場合ケーブルの損傷を防ぐため，バルンブイで海中に浮かしたのちこのブイを切り，ケーブルを海底に沈める．
②沖合に向け，ケーブルを布設する．

①障害点付近にケーブルシップを回航し，探線する．
②イカリに引っかかったケーブルを，船上に引き上げる．
③引き上げたケーけて沈めておき，する．

図17　ケーブルの布

沿岸までの区間約七八七キロの工事はKDDがおこなうことになっており、まずは上海側のA局から着工された[2]。中国側の工事海域は領海および接続海域を含んだ管理海域のほか、東経一二二四度までの海域は軍事区域であったこともあって、郵電一号が円滑に作業を進めるために、国家海洋局の船舶が警備にあたる必要があった。この時期の国家海洋局は、いまと違って海軍傘下の機関であった。一方、日本側海域は、工事の時期が底曳網漁、施網漁、しいらづけ漁などの最盛期にあたり、布設ルート付近も船舶の航行海域となっていたために、自主警戒船が警戒し、水産庁、海上保安庁の巡視船ならびに漁業関係者の漁船の協力が不可欠であった。

むろん、海域や底質の状態によって、工事

方法のみならず、使用されるケーブルの種類は陸上部、浅海部、深海部によって異なるが、海洋調査の結果を踏まえた検討を加えて、図18の写真のように五種類のケーブルが使用されることになった。

中国側布設・埋設工事

上海側の八五キロ区間の建設工事は、陸上部、陸揚部、浅海部の三区間に分けて計画された。中国沿岸の海底ケーブル布設工事がおこなわれる前、陸上部工事によって陸揚地点から南匯局、さらに上海市中心局までを結ぶ必要があった。

最初の陸上部の布設工事は、陸揚地点から南匯局までの三キロの区間で、この工事で使用される一重外装ケーブルは一九七五年一一月に中国の貨物船新安号が、また上海市郵電管理局がＯＣＣに発注したケーブル接続機材は同年一二月に中国の貨物船明彰号が、それぞれ横浜から上海に輸送したものだった。陸上部の埋設工事は、翌年一月に地元の農民たちの協力を得てケーブルを地中に埋設し、つづけて三月にはＫＤＤ職員二名の立会いのもとで、日本で一ヵ月ほど技術研修を受けた上海市郵電管理局の職員四名らがそれらを接続し埋設する作業を指導して工事を終えた(3)。

つづけて南匯局から上海市の中心局までの陸上部の工事は、二系統で構成される計画であった。現用系として同軸ケーブルによる中継伝送路（のち一系統増設）、予備系として約六〇キロはマイクロ波無線回線で接続された。この工事に要するケーブルおよびマイクロウェーブ施設の機器類も富士通が中

国機械設備進出口総公司より単独で受注したものであり、それらの据付工事もおこなった。(4)

こうして陸上部の工事が終了すると、つづいて浅海部の工事が始まった。江蘇《こうそ》・浙江《せっこう》沿岸の海域では四～五月が風も穏やかで波も静か、工事には理想的な天候であり、ダイバーによる潜水作業にも都合の良い季節だった。

中国側の陸揚地点から約八〇《キロ》沖合のR-7地点までの浅海部の布設・埋設工事で利用するケーブルと中継器については、すでに三月に中国の貨物船長安号で横浜から上海に運搬していた。(5) 工事の経過については、KDD海底線建設本部が作成した「日中海底ケーブル工事日誌」に詳細な記録が残っており、以下これに準じて整理しておく。(6)

浅海部の工事は一九七六年四月二一日に始まった。この日、中国の郵電一号に同乗した猪俣真平（KDD海底建設本部技術部技術課）、水野義明

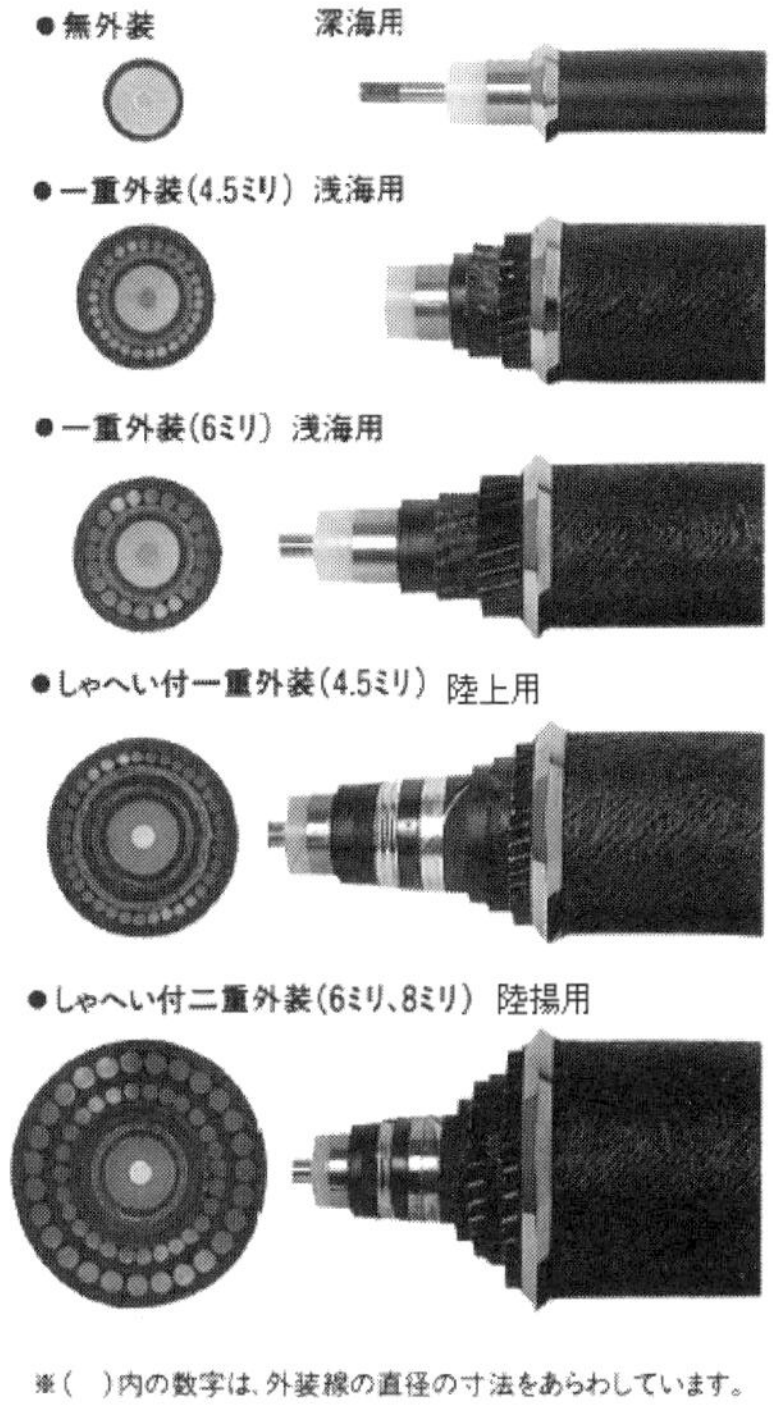

図18　使用された5種類の海底ケーブル

（KDD海底建設本部技術部技術課、中国語通訳を兼任）、山口由郎（KCS）は、ケーブル積み込み状況や、ケーブル引き回しなどを視察したあと、テールケーブル（ケーブルと中継器とを接続する細いケーブル）接続の指導と立会いをおこなうことになっていた。上海港を出港した郵電一号は、同日の夕刻には長江河口の盆地に投錨して、仮泊となった。

翌日早朝、ケーブル布設ルート付近の漁網を撤去させるために目標ブイを三ヵ所に設置し、船内でテールケーブルの接続作業を継続し、午後二時半には最初の中継器があるR-1地点に到着した。そこでは、陸揚げ工事の際に設置したブイのうち、作業に支障をきたすものを撤去して、その日の作業は終了した。二三日は翌日の準備をおこなうために休み、二四日の午前九時四五分から再開された埋設機の設置作業は、午後一時一五分頃に完了した。その後、風や波で船が移動しないように船固めのために計五個の錨が取りつけられ、午後三時から船内に引き込んだケーブル端末と南匯局との間で電気試験がおこなわれた。つづけてテールケーブルの接続を開始し、午後八時に作業完了となった。翌二五日は日曜日のために作業は休み。

二六日の午前中に埋設機の設置が完了すると、南匯の陸揚地からR-1地点までの区間で平底船を使ってケーブルを布設しはじめた。さらにR-1地点以東は、郵電一号によって布設・埋設が同時に実施されることになった。(7) 当時は文革中であったため、建設作業のあいまにも、船上では毛沢東思想の学習会が開かれていた。この様子は、図19の写真のとおりである。この日の午前中には一番目の中継器がR－1地点に設置され、午後にはR－2地点、R－3地点にそれぞれ中継器が設置された。そして、午後八時二〇分ケーブルに接続されていたR－4地点あたりまでを布設し、ワイヤー、フローティングロープを付け、船上への埋設機の回収も終えた。その翌日の午後、R－4地点、R－3地点、R－2地点付近の三ヵ所に設置していた目標ブイを回収して、第一次布設工事の全作業が完了した。

つづけて中国側の第二次布設工事の準備が始まった。四月二九日にケーブルが船内に積み込まれ、ケーブルと中継器の接続作業を進めるとともに、工事スケジュールの打ち合わせがおこなわれ、五月六日から着工されることが決まった。工事開始の日の早朝、埋設機を通し、ケーブルの端を船上に回収した。そして午後一時半にテールケーブルの接続を開始し、二三時ちょうどにR－4地点の中継器の接続を終了することができた。

五月七日には、午前七時ちょうどに船固め用の錨を切り離して、布設・埋設作業が始められた。午前中にR－4地点およびR－5地点で、中継器のついたケーブルの布設を

図19　船上の毛沢東思想学習会の様子

円滑にするため、響導管三〇個が追加されて一〇〇個が水中に入れられて、工事が進められた。一二時四七分にはR‐6地点で布設作業をおこない、午後三時九分にケーブルエンドを布設し、すべての布設・埋設工事を完了させた。このとき上海市郵電管理局は、上海市委員会に対して、「五月七日午後三時五五分、わが方が負担した海底ケーブル八五㎞の布設・埋設が問題なく完成しました。予定した日程よりも八日前倒しとなりました」と報告した。これに対して、一〇日郵電部からは、上海市委員会および上海市革命委員会の幹部および海底ケーブル布設に参加した各機関の協力に対して、心より感謝申し上げるとの祝電が寄せられた(8)。

五月八日の午前中、前日にケーブルの端に付けた仮のブイを回収し、中国側はＫＤＤとの間で取り決めた装備を付けたブイの再設置作業を開始した。そして九日の午前七時三〇分には上海港の外紅壁頭に接岸し、八時に関係者は郵電一号を下船した。

中国側の工事は、距離が短いこともあったが、ＫＤＤ側が心配したようなトラブルはなく、二週間ほどで無事に工事が終了した。

日本側布設・埋設工事(9)

ＫＤＤが工事発注に際して作成した『仕様書』に基づき、実際の工事を請け負ったＫＣＳは『日中海底ケーブル海洋部布設工事および日本側陸揚工事実施要領書』（国際ケーブル・シップ株式会社、一九七六年五月）を作成している。ＫＣＳ所蔵のこの「要領書」によると、日本側の布設・埋設工事は一九七六年五月から七月までの三ヵ月弱、中国側による布設工事の最終地点であるＲ－7地点から始まってＲ－49地点までの約五九〇キロの埋設区間と、残りＲ－49地点から苓北の陸揚地までの非埋設区間約一九五キロの工事を、四回に分けて実施する段取りになっていた。埋設区間では中継器四三台と等化器三台、非埋設区間では中継器一七台と等化器一台を布設する計画であった。

工事に用いられた船舶は、ＫＣＳ所有のケーブル布設船ＫＤＤ丸であった。「要領書」には、ケーブル布設速度は平均三ノットを目標とし、最高速度は四ノットとする、中継器の布設速度は二・五ノット以下とすると記されている。ＫＤＤ丸を曳航して三〇〇メートル前を進む支援船は、サイドソナー（音波を用いて海底面を探査する装置）を装備した日本サルベージ株式会社の航洋丸《こうようまる》（約二〇〇〇トン）（図20）、長崎で内航運送業などをおこなっている光和興業株式会社の第一三笠丸《みかさまる》（約七二トン）であった。また、Ｒ－11地点からＲ－63地点までの区間では、巡視船のかましば（六四四トン）、こうず（五一二トン）、くろかみ（五二五トン）、とうみ（一七五トン）が、それぞれＫＤＤ丸の前方約一カイリを航行して航路を確保した。その他、陸揚工事や天草近海での布設工事には、海域を警戒するために地元漁協の苓北町、天草町、崎津、および牛深の各区組合の漁船もチャーターされた。

ＫＤＤ丸による第一回布設・埋設工事は、一九七六年四月二三日から六月三日までの期間、Ｒ－7地点からＲ－44地点までの約四八七キロの区間でおこなわれた。ＫＤＤ丸に乗船して作業にあたったの

図20　KDD 丸を曳く航洋丸

図21　工事出港時の壮行会の様子

は、KDDの責任者であった建設部の小林見吉部長のほか、技術部線路課長の永田秀夫課長、技術部線路課の青柳静哉、有線システム研究室の湯口裕研究員ら一一名、KCSの江副卓爾《えぞえたくじ》運航部長、畠山工事長ら一三名、商船三井の吉田実船長ら六三名（早川運輸石原宏ら一〇名を含む）、富士通三名（桜井勲、野口次男、大久保公夫）、日本無線（井上博）、そして上海市郵電管理局から王建中《おうけんちゅう》団長のほか、鄧祖《とうそ》煜《いく》、徐秉勇《じょへいゆう》、閔漢章《びんかんしょう》ら四名であり、合計九八名にものぼった。図21は、このときの工事に出発する直前の様子を撮ったもので、写真の右から吉田船長、王建中団長、小林見吉部長、江副部長と畠山工事長、永田課長である。また、中園清船長が操る支援船航洋丸には、監督者としてKDDから田原庸之助建設部調査役、KCSから定金丈夫運航部次長が便乗した。

出港前に、まず横浜のNTTの出田町《いずたちょう》埠頭からケーブル約四八七キロ、予備ケーブルの無外装ケーブル約三五三キロ、一重外装ケーブル約一七六キロが積み込まれ、横浜の山下埠頭専用バースからは中継器三七台、等化器三台が運び入れられて、いずれもケーブルタンクに納められた。

KDD丸が横浜を出港したのは五月一七日で、二〇日には中国側の工事地点の東端だったR-7地点に到着した。第一回布設工事は、その翌日から始まった。ただし永田秀夫が所蔵する布設工事の写真アルバムには、この地点では工事中の様子を撮影することはできたが、中国側の要求により工事以外の風景は撮ることができなかったと記されている[10]。

二二日には、R-8地点からR-10地点までの間にケーブルの布設・埋設工事がおこなわれた。じつは、この日に航洋丸に乗船していたＫＤＤの田原庸之助調査役が突然倒れ、急きょＫＤＤ丸から中国側の郵電一号に移送され、そのまま上海の病院に搬送されたため、事態に驚いた家族は急ぎ訪中することになった。夫人はＫＤＤの協力で外務省の旅券課でパスポートを作成してもらい、またニューヨーク留学中の令嬢も帰国し、志村静一取締役とともに上海に向かった。しかし、不幸にも家族が到着する前に田原調査役は病院で亡くなっており、荼毘に付されてしまっていたという[11]。この悲しむべき出来事は、日中間海底ケーブル建設事業における最初の不幸であり、工事関係者の心に重く沈んだ記憶となった。ＫＤＤの職員一同は、こうした悲しい出来事に直面して動転したが、共同事業を滞らせるわけにはいかないと判断して作業は続行された。

翌二三日は作業をやめ、二四日にＲ-10地点からＲ-19地点までケーブルの布設・埋設工事が再開された。この区間の海底の岩盤は非常に固かったため、〇・五《ノット》以下の遅いスピードで工事が進められた。波や水流の関係でＫＤＤ丸をコントロールすることは容易ではなく、船長の職人芸的な操縦法と限界までの体力、精神力が必要とされた。

二五日もＫＤＤ丸は規格どおりの埋設深度を得るためにスピードを落として作業を続け、Ｒ-23地点を通過した後はスムーズに海底を掘れるようになった。ところが、午後七時から濃霧が発生し、ＫＤＤ丸は牽引する航洋丸と距離を確認できなくなったため、作業はいったん中断された。翌日、濃霧が解消され、昼過ぎからダイバーが海に潜って埋設機をチェックしたところ問題は見られなかったため、午後には工事が再開された。午後五時三〇分から底質がやわらかくなり、規格どおりの速度三ノット、埋設深度一メートル以上を確保できた。ところが、午後一〇時直前から埋設機の左右バランスがとれなくなって不自由したが、朝がたには一ノットほどの速度で一メートル以上の埋設深度を確保することができた。七時頃には不均衡な動きをしていた埋設機が正常になり、八時二〇分には再び底質がやわらかくなり、本来の規格どおり船速三ノット、埋設深度一メートルでの作業が続行できるようになった。

ところが、二八日の午後六時頃、R-44地点までケーブル布設・埋設工事が完了したとき、南匯側からの給電が突然停止してしまった。これは、ケーブル引留装置が埋設機を出る際にケーブルが切断したためで、このときの状況について工事に携わった技術部線路課の永田秀夫課長は、布設工事の写真アルバムに次のように記している。

> 第一次布設区間の最終点近くで最後のケーブル引留装置が埋設機を出る際、そこでケーブルが切断し、引留装置が埋設機と共に船上に上がり、ケーブルは埋設（約七〇cm）されたまま海底に取り残されたという事故があった。埋ったケーブルを引っかける作業はかなりむずかしく、今まで成功したことはなかったが潮流に苦しみながら慎重に作業を進め一回で引揚げに成功したのは特筆される。このため船上での議論、準備は大変なものであり、我々は一夜かかって計画をねり上げたものだった。

つづく二九日、三〇日の二日間は、この障害を回復させるのに費やされた。潮流が速く探線には難儀したが、永田秀夫課長は『日中間海底ケーブル布設工事メモ』（以下、『永田工事メモ』と略）のなかで、六月一日の探線の様子について次のように記している。(12)

ここで慎重を期して一回転したが、なにしろ探線機を船首に持っているので、全く自由にならない。一回転しているうちに探線機があおむけ（さかさま）になったのではないかとの疑念がでた。しかし、疑っていてはともかく、（船は）一回転して再びケーブル探線ルートに近づいたが、この間潮流に流されて自由にならないこと、おびただしい。（中略）まず、張力が上がるところをみると、（探線機がケーブルを）引っかけている公算大。ゆっくり上げようというので、少しずつ後退して、ゆっくり揚げた。結局、一分、探線機がBow（船首）に現れ、ついにケーブルが姿をみせたときは思わず手を握りしめた。落ちないでくれと祈って。

この記述のとおり、東シナ海の海底ケーブル布設・埋設工事は、ひとつには海潮流との戦いであり、それゆえにKDD丸を操る船長の力量が試される場であった。ともあれ、ケーブルを船上に回収して、一一時すぎにはケーブル端末の目印を残して、第一回の工事を終了させた。その後、KDD丸は横浜港へ、埋設工事の支援船である航洋丸は探線機を回収して門司港に戻った。

つづく第二回布設・埋設工事および日本側陸揚工事にあたって、六月七日から一四日にKDD丸がNTTの出田町岸壁で、R-44地点から等化器E-4地点の区間のケーブル約二九九㌔、中継器二三台、等化器一台、予備の等化器一台をケーブルタンクに積み込んだ。第二回工事では、第一回とほぼ同じメンバーで、全員で九八名が乗船した。また、支援船である航洋丸には、建設工事監督のためにKCS運航部次長の定金丈夫らが同乗した。そのほかの支援船としては、光和工業株式会社の皓鶴丸《こうかくまる》（一九〇トン）、朋鶴丸《ほうかくまる》（一八八トン）、第一三笠丸《みかさまる》が動員された。

第二回布設・埋設工事に先だって日本側の陸揚工事をおこなうために、六月一五日KDD丸は横浜を出港し、一七日に熊本県の苓北沖に到着した。翌日の早朝、波は少なく風もなく、曇りぎみだが陸揚工事には絶好の天候になった。KDD丸からタグボートへケーブルエンドを渡し、タグボートは陸側へ向かってケーブルの曳船を始めた。午前六時半からKDD丸のケーブルエンジンは〇・五ノットでケーブルを繰り出し、陸側ではブルドーザーがこの速度に合わせてワイヤーを牽引し、午前七時四〇分には陸揚作業を完了させた（カバー表の写真）。その日、KDD丸は陸揚地からR‐66地点までの非埋設ケーブルを布設し、そのあと、第二次布設・埋設工事のためにR‐44地点付近に移動した。

上述した『永田工事メモ』によると、一八日の陸揚工事のときと打って変わって、一九日以降は天候不順に見舞われた。一九日には「海象が悪くなってきた。風が強く浪も高い、低気圧が通過する模様」、二〇日は「風が強く、うねり多く浪高い。Position ブイの回収のみで作業が進められない」という事態に陥った。この悪天候は、二一日も続いた。この日のことについて、永田は次のような記録を残している。(13)

〔午前〕四：三〇ごろより少しずつ明るくなってきた、風は南で少し具合が悪い。これよりまずいのは、もう潮は東に流れており、今から数時間前にスタートしないとまずかったこと、また霧があってブイが見えないことだ。霧で風が少ないと思うとそうでもない。（中略）この間、南匯側とは一時間のばして六時に交信したが、ついにここで半日延期の可能性を南匯側に伝えた。六時ごろとなって、半日待ちを決定。

午後三時になって海流が西北向けになったので、ようやくケーブルが回収され、R－44地点で絶縁測定、給電のテストがおこなわれた。

二二日以降も雨や雷が続いたが、埋設機を使ったケーブルの布設作業は比較的順調に進んだ。ところが、水深一七〇《メートル》を過ぎた所で、サンドウェーブ（海底の砂に波紋の起伏がある場所）や固い底質にあたり、埋設深度は平均三〇《センチ》以下しか確保できなくなってしまった。そのため、R－49地点から六・五《キロ》ほど南匯側で埋設機を船上に引き上げ、船上の埋設機を通して布設をおこなうことにした。このとき、埋設深度がどの程度確保できたかは実際のところはよくわかっていない。そして二五日にE－4地点からKDD丸で再開した作業は非埋設工事だったので、なんら問題なく翌日に終わった。これで第二次工事はいちおう終了したことになる。

第三次布設・埋設工事は、R－66地点からの埋設区間、およびR－63地点から等化器設置予定のE－4地点までの非埋設区間の二回に分けて実施された。E－4地点が最終接続および最終海中投入点として予定されていた場所であった。KDDから監督として小林見吉、調査役の杉本彦明・白井喜久男・江幡篤士ら五名、KCSから技術代表の江副卓爾、副技術代表の畠山賢介ら一〇名、商船三井からKDD丸船長の吉田実ら四五名、早川運輸から石橋宏ら一〇名、合計七一名がKDD丸に乗船した。第一回、第二回と比べて、乗船者は三〇名減となっている。支援船としては、第二次工事のときと同様に皓鶴丸、朋鶴丸、第一三笠丸の協力を得たほか、同じく荒木博之船長が操縦する光和興業株式会社の第一中一丸が使用された。

この工事が始まる前に台風接近中との天気予報があったが、KDD丸は六月二九日に長崎を出港し、最初の工事地点であったR-66地点付近まで進んだ。三〇日の午前六時からは、R-66地点からR-63地点までの布設工事を進めた。第一中一丸がKDD丸の前方を航行し、漁船に対する布設作業の協力依頼、布設に影響のある漁具などの排除をおこなった。『永田工事メモ』によると、この日の状況について次のように描かれている(14)。

風は少ない。苓北の沖の方に居る。工事の開始の議論が始まった。潮の向きが悪い、南からで相当強い。風は北からだ。数時間待つことになった。九時半ごろブイを撮り始める。晴曇りで海は全くきれいで、ブイをあげる所の写真を撮った。（中略）伝送テストをすべきPower Feed Onにすると、何だかおかしく…この調整やリング措置に二〇時近くまでかかり、これから伝測に入って、船はこの間、ケーブルを船尾より巻き上げ埋設機を降ろし、沖めがけて走り出している。底質は硬い、四〇㎝程度しか掘れない。一ノット、時には五ノットで走る。

図22　最終の中継器がでるところ，深海に布設する非埋設ケーブル

午後には、等化器のあるE－4地点と苓北局との間で給電を始め、異常がないことが確認された。また夜には苓北局とE－4間の伝送特性の測定がおこなわれた。

そして七月一日に水深一九〇〇メートルまでの布設・埋設工事がおこなわれ、その後残りのケーブルを船上の埋設機を通して布設し、KDD丸はいったん長崎に入港した。翌日、工事のためにR－63地点まで戻ったが、台風が近づいているというニュースがあったため工事は中止された。三日になると天候はややましになったため、午後にはR－62地点からR－59地点までの非埋設工事を予定どおり平均三ノット以上で実施した。

図22は、七月四日にKDD丸から最後の中継器が送り出されるときに撮られた写真である。深海に布設する非埋設ケーブルは埋設機を使わなくていいので、写真のように船首からも布設できるのであ

る。このあと南匯局では苓北局との間で最終接続時の手順を確認した後、午後にＫＤＤ丸と南匯局との間で電気試験を実施し、ケーブル芯線とアースとの絶縁といったトラブルもあったにせよ、ほぼ問題ないことが確認された。また苓北側ケーブルと南匯側ケーブルの接続点の試験、そして苓北側からの給電がおこなわれた後、南匯—苓北の陸揚局間で伝送試験が実施された(15)。こうして同日午後八時三八分、予定より三時間ほど遅れてＫＤＤの小林見吉部長、ＫＣＳの江副卓爾部長の手によって最後のケーブルが海中に沈められ、すべての工程が完了した（図23）。

図23　ケーブル最終投入の模様（1976年７月４日）

電気的布設工事

一九七六年三月から五ヵ月間弱、南匯局では、日本電気が端局装置の据付工事を進め、さらに配線、調整、試験をおこなった(16)。永田秀夫課長が電気的布設工事の責任者であった。一方、苓北局では、二月から南匯側とほぼ同様な期間で、富士通が海底ケーブル給電装置、ケーブル終端装置、監視・測定装置などの専用端局装置とその付属端局装置を設置した(17)。こちらは、KDD海底建設本部の線路課長補佐の徳江正が責任者となった。電気的布設工事を両社に分ける方針を示したのはKDDではあったが、南匯局の工事を日本電気に依頼したのは中国側の意向だったと聞いている。

KDDは、第二次布設・埋設工事の陸揚局側対応要員として、徳江正のほか、佐藤正紀（有線システム研究室主任）、野本勇（同部施設課主任）の三名を上海の南匯局に派遣した。陸揚局舎周辺は軍事区域とのことで、これら日本人作業者は、上海への往復もそのつど許可を取る必要があり、陸揚局での散歩も決められたコース以外には出ないように制限されたという(18)。六月一六日から二〇日間あまりにおよぶ作業は、測定器および測定系の整備、既設ケーブルの監視制御信号の測定監視、布設工事中にKDD丸との間でおこなう伝送測定、そして最終接続後に予定されている苓北局との間での伝送特性の測定などであった。当時の中国では室温変動と電源電圧変動は著しく、これをプラスマイナス一〇%以内に保つように調整することが課題であった（筆者の経験では、一九八〇年代中期でも中国の電圧はよく変化し、いくつかの家電製品が損傷したことがある）。さらに、南匯局における第三次布設工事およびその後の総合試験に対応するKDD側要員として六月三〇日から一週間、若林博晴、大原利親が加わり、徳江課長補佐らとともにケーブル最終投入対応にあたった。このときの電気的布設工事は問題なく進み、七月六日には、郵政省の佐野芳男電気通信監理官に、日中ケーブル布設・埋設工事が完了した旨、電話報告された。[19]

障害復旧工事

最終工事後の後始末のために、七月二四日から技術専門家会議が開かれ、また、開通式開催にむけての協議もおこなわれた。ところが、同月二七日、日本側分担工事区間であるR-61地点からR-62地点までのケーブルの電流が海中に漏れる地気障害が発生した。この障害を修復するために、KDD丸は三〇日夜に現場に到着した。このときの乗船者は、第三回工事と同じメンバーで、計七一名が乗船した。支援船である航洋丸と皓鶴丸にはKCSの定金丈夫運航部次長が監督のために便乗した。三一日朝から、障害点付近のケーブル探線作業が開始され、障害ケーブルの回収後、同一長の約二キロのケーブルを割り入れて接続をおこない、八月一日に修理したケーブルを海中に投入して工事を終えた。[20]その後、現場で一二時間異常のないことを確認したあと、KDD丸は横浜に向かい、三日朝に横浜に帰港した。

すべての作業が終了すると、使用した海底同軸ケーブルは八六九キロ、中継器は予定より六台多い六六台、等化器は予定どおりの四台が使用されたことがわかった。このうち多段鋤式埋設機を使った工事は約五九〇キロ、四四台の中継器、三台の等化器の埋設であった。また、海底同軸ケーブル、二二台の中継器、一台の等化器の非埋設布設が実施された。[21]

その後、八月二五日にKDDが苓北—南匯間の海底ケーブルシステムの総合試験をおこなった後、予定通り九月六日より東京—上海間の伝送路試験がおこなわれた(22)。さらに、九月に日中間海底ケーブルを経由する伝送路の設定試験をおこなったところ、大阪—上海間、東京—上海間には問題はなかったが、東京—北京間の回線雑音が規格を超えていたために改善が加えられ、一〇月に再試験がおこなわれた(23)。

一九七六年九月二九日から、最後の当事者会議である第六回会議が東京で開催され、あわせて技術、業務両部会も開かれることになった。日中間海底ケーブルの完成を確認するとともに、保守・運用事項の最終確認をおこない、一〇月八日KDDの増田元一副社長と上海市郵電管理局の劉雪清《りゅうせっせい》副局長とが「ケーブル船利用協定」「システム保守要領」「保守費支払手続き」にそれぞれ署名し、日中双方での保守費の内容と分担、伝送路保守要領について確認と合意がなされた。また、開通式開催にむけて協議もおこなわれた。

開通記念式典

一九七六年一〇月二五日の午前一〇時から北京飯店で上海市郵電管理局が主催する開通記念式典が開催された(図24)。この式典には、中国郵電部の鐘夫翔《しょうふしょう》部長、申光《しんこう》副部長、劉澄清《りゅうちょうせい》副部長、上海市郵電管理局から翁黙清《おうもくせい》局長、王暁雲《おうぎょううん》、孫平化《そんへいか》、李立柱《りりっちゅう》、劉雪清らのほか、中央からは国家計画委

図24　北京飯店での開通記念式典

員会、国家建設委員会、外交部、外貿部、四機部（電子工業部門）、六機部（造船部門）、交通部、中日友好協会、国家海洋局、中国人民保険公司、中国人民解放軍総参謀部作戦部・通信部、海洋事務司作戦部などの代表者、上海からは建設工程局、航道局、打撈局《サルベージ》、供電局、七〇八研究所、造船公司、基礎公司、中華船造廠、自動化儀表廠、上海市南匯県などの代表者や労働者、技術者ら、合計一五〇名が参加した。参加機関名からみれば、日中海底ケーブル建設事業に関係した中国側の全組織・機関が参加したことがわかる。さらに日本からも元郵政大臣久野忠治夫妻のほか、駐中国大使小川平四郎夫妻、駐上海総領事西沢憲一郎、朝日新聞、読売新聞、NHKの記者ら、計三八名が出席した(24)。開通時、鐘夫翔は「日中両国民の友好は大勢の赴くところであり、人心の向かうところ」というメッセージを発出した。

一方、日本でも、同日午前一一時から東京のホテルオータニで開通記念式典が開催された。福田篤泰《ふくだとくやす》郵政大臣、衆議院逓信委員会の伊藤宗一郎委員長、参議院逓信委員会の森勝治委員長、ＫＤＤの古池信三《こいけしんぞう》会長、板野学社長が出席したほか、駐日中国大使の陳楚《ちんそ》が参加した（カバー裏の写真）。この式典の様子の一部は、ＫＤＤ企画・岩波映画製作所による記録映画「日中海底ケーブル」（一九七六年、一六ミリフィルム、三〇分）で見ることができる[25]。この映像からは、古池会長が「このケーブルは文字通り中国と各国とを結ぶ架け橋としてきわめて重大な役割を担うものでございます」、板野社長が「幾多の困難を乗り越え、新しい技術を駆使して、共同でこれを設計して、（中略）両国間を結ぶ大容量海底ケーブルの完成をみましたことはまさに両国間の強い友好の絆を象徴するもの」であると祝辞を述べている様子が映し出されている。その後、日中相互に開通を祝賀するメッセージが交換されて、この後、一般通話が開始されることになった[26]。

また、一九七六年一〇月二五日付『読売新聞』の朝刊には、ＫＤＤの広告「遣唐使の渡った海　日中海底ケーブルが開通」が掲載され（図25）、遣唐使船のデザインの下に「日本と中国を結ぶ八五〇キロの通信大動脈」「日中海底ケーブルは、ＫＤＤが開発した新しい技術で」「またひとつ、国際通信の輪がひろがりました」といった文句を飾って、このケーブルの存在を読者にアピールした。

中国での式典開催後、ケーブルの運用および保守については、海纜弁公室から上海無線電管理処に

図25　日中間海底ケーブル開通広告

移管されて、正式に業務が開始されることになった[27]。監督官庁も、郵電部基建司から同じ郵電部内の電信総局に移された。一方、KDD側も、海底建設本部から運用部あるいは保全部の担当に移された。一一月には、第七回業務専門家会議が上海で開催され、建設費の決算がおこなわれた[28]。

ケーブル開通から半年近く問題が起こらなかったため、一九七九年三月一八日に中国側代表団が苓北局において、また四月八日に日本側代表が南匯の陸揚局で、それぞれ友好のための植樹活動をおこなった。このとき、植樹のほか、日中双方の陸揚局では日中の友好を記念する石碑が設置された[29]。筆者は、二〇一二年五月九日に上海郊外の南匯局（現・中国聯通南匯局）で、KDDが設置した石碑「友誼樹」とともに、今も友好の樹が成長しつづけて大木になっている様子をみた（図26）。また、同年六月一六日には熊本県天草郡苓北

図26　南匯局に残る記念碑と成長しつづける記念樹

図27　元苓北局に設置された記念碑と枯れた記念樹

町にある元ＫＤＤ苓北局（現・苓北町郷土資料館）に赴き、そこで上海市郵電管理局が設置した石碑「友好の樹」（日付は三月二三日）が現存することを確認した。ただ旧苓北局では、何度かシンボルツリーが植え替えられたが、すべてが枯れてしまったとのことで、いまは放置された枯れ木が寒々と佇んでいるだけであった（図27）。日中双方の陸揚局、友好の樹の命運の違いが、うつろいやすい日中交流の姿を象徴しているかのような気分になった。実際、苓北町においては日中間海底ケーブルに関する記憶は風化しているのに対して、上海の南匯には光海底ケーブルが陸揚されていることもあって、同軸海底ケーブルに関する記憶はいまも継承されている。

四　ケーブルの開通から断線まで

日中間海底ケーブルは、システム保守要領に基づいて一九七六年八月三一日に保守試験をおこない、同年一〇月二五日には無事に開通した。ＫＤＤの調査によると、一九七二年度の日中間の国際電話は一万九九九一通（前年度の三倍増）、電報は四八万一七五通（前年度の一・四五倍）にのぼった[1]。ＫＤＤは、日中国交正常化後は通信需要がさらに伸びると予測していた。

ところが、この海底ケーブルは、後述するように開通から五年目の一九八一年六月に運用停止せざるをえない状況をむかえた。その後通信が再開されたのは運用停止から、さらに五年の歳月が過ぎた一九八六年になってからのことである。

以下、まずこのケーブル開通後の技術的な状況、利用状況、そして断線が始まったころの状況がどのようなものであったのかについて整理しておきたい。

建設直後の技術状況

開通直後に技術的問題が起こらなかったのかは重要な問題である。つまり、のちに運用停止になる原因が外在的な要因か、ケーブルシステムなどの内在的な問題なのかを考えるうえでのポイントになるからである。

私たちが入手できる報告書は、苓北《れいほく》の陸揚局に勤務していた村上康徳・元松和利が、ＫＤＤ（海底線建設本部海底線部、建設部、保全部保全第二課、研究所有線システム研究室）、海上保安庁水路部資料センター、長崎海洋気象台、富士通、日本電気の関係者などの調査協力を得てまとめられたものである(2)。この報告書は、開通から一九七八年八月末までの約二年間の海底水温の変化、温度ＡＧＣの効果、伝送レベルの温度変動による影響など、とくにケーブルシステムの働きに関するものである。

この報告書によると、苓北局と南匯《ナンフイ》局での二年間におよぶ監視測定作業は、毎週火曜日の九時から二一時まで二時間間隔でおこなわれ、各種パイロット信号レベルおよび中継器監視周波数を測定していた。測定値からみると、Ｒ－1地点からＲ－28地点までと、Ｒ－64地点からＲ－66地点までの二〇〇メートル以下の浅海部の区間では温度差が八～一〇度あったが、大陸棚から傾斜地部分、つまり琉球トラフの西側部にあたるＲ－29地点からＲ－48地点までの区間は温度差約二～五度程度、そしてトラフの海底部にいたっては温度差一度であったと記されている。ケーブル布設前の調査でルート全体の平均気温は一四・四一度、水温は一六度プラスマイナス一一度と予測しており、二年間の計測結果でも、ほぼそれに近い数値を示しており、当初の予測を逸脱する値ではなかった。この報告書によると、水温上昇時にパイロット受信レベルが上昇し、水温下降時にはそのレベルが下降する特性となっており、保護のためにケーブルや中継器を埋設していたことが温度変動を軽減させる機能をはたしていたことがわかった。温度ＡＧＣは良好に動作していたとみられる。

こうした二年間の監視測定の結果からみれば、ケーブルシステムは明らかに安定していたと判断される。そのため、村上らは、定期保守を週一回、等化器調整回数を年二回にして、作業の簡素化をはかってもよいと提言している。(3) また、ＫＤＤや上海市郵電管理局が実施した埋設工法により、この二年間にケーブルの断線障害が起こらず、近隣諸国で多数操業していたトロール漁の影響を受けることはなかったと書かれている。このことは、東アジアの漁法に大きな影響をもたらしたのが一九七九年からの第二次オイルショックであることとの根拠にもなりえる。ともあれ、ケーブル布設直後の二年間は、ケーブルシステムについて、日本側も中国側でも問題がないと判断された。

海底ケーブルの布設が完了した段階で、海底ケーブルの保護、運用、メンテナンス、管理などの事業担当が北京の郵電部内の電信総局に移された。また、上海では、三章で述べたように運用および保守については海纜弁公室から上海無線電管理処に移管された。なおケーブルが布設された翌年、すなわち一九七七年一月、上海市郵電管理局の海纜弁公室は国務院の批准を経て中国海底電纜建設公司（ＣＳＣＣ）としても成立したということであった。(4)「も」というのは微妙な表現であるが、これは同公司の総工程師江偉《こうい》にインタビューしたところ、行政機関としては海纜弁公室として運営され、企業体として中国海底電纜建設公司の看板をかかげたということだったが、その実態（むろんメンバーも）は同一であったという。こうした形態は、中国の「単位（＝職場）」であれば、行政機関であれ軍であれ、いまもままみられることである。中国海底電纜建設公司の初代総経理であった王建中《おうけんちゅう》は、同時に海纜弁公室の主任でもあった。江偉の話によると、海纜弁公室という行政名称が解消されて二重看板が下ろされるのは、日中間で初めての光ケーブルＣＪ ＦＯＳＣが開通した一九九三年ごろだったとのことである。(5)

海底ケーブルの利用状況

一九七六年一〇月の開通から、ケーブルが切断される八一年六月までの五年弱の期間において、国際写真電報、国際ファクシミリ電報、国際音声放送伝送、国際デーテル（データ伝送を目的とした国際テレックス網）の実回線などの合計推移について、ＫＤＤ発行の『国際通信統計月報』（一九七六・九～一九八一・六）を基礎資料とした表２「上海、北京、台北、香港の通信回線数」をみてみよう（その時期以降のデータは見当たらない）。

一九七二年の日中共同声明発表後、日中間は衛星通信を通じて通信状況が改善された。そして、日中間海底ケーブル開通直前の七六年九月の数値では（正式開通は一〇月）、上海が七回線、北京が一八回線、計二五回線となっているが、この回線数はその後二年近くの間、増減するなどの変化はみられなかった。

一九七六年一〇月に日中間海底ケーブルが開通すると、上海と九回線、北京と八回線使用される一方で、衛星通信のほうは上海では一回線、北京では一四回線減少した。しかし、その五年後、つまりケーブルの運用停止一ヵ月前の一九八一年五月には、上海とは二七回線、北京とは三三回線、計六〇回線に増えたものの、KDDが予測した最大通信容量四二〇回線の1／7ほどしか満たしていなかった。これは、同じ月に香港と連絡するOLUHOケーブルが二八三回線、台湾と連絡するOKITAIケーブルが一四〇回線の通信量を上げていたことと比較すると、当時上海や北京との通信需要はきわめて低かったことを示している。こうした状況は、表2で確認できるとおり、開通から二年近くたった一九七六年一〇月でも、まったく利用数が上がっていない状況からもみてとれる。

その後の通信需要の変化は、一九七八年八月の「日中平和友好条約」締結を機に、ようやく少しずつ上がっていった。また回線利用数を比較すれば、北京が上海を上回ったのもこのころであった。北京の通信優位は、七〇年代の日中間通信が、とりわけ政治や行政の面で利用されていた証であったと推測できる。ちなみにこの条約に関する外相訪中にともなって、報道陣のための回線設定に協力させるためにKDDは堀越業務課長を北京に派遣した(6)。

さらに、通信需要が伸びたのは、米中国交樹立の一九七九年一月、日中円借款成立の一九七九年一

表2　上海，北京，台北，香港の通信回線数

	上海			北京			上海+北京		台北			香港			備考
	太平洋衛星	日中間海底ケーブル	計	太平洋衛星	日中間海底ケーブル	計	太平洋衛星	日中間海底ケーブル	衛星	OKITAIケーブル	計	太平洋衛星	海底ケーブル(TPC-1, OLUHO)	計	
1976. 9	7	—	7	18	—	18	25	—	158	—	158	219	22	241	
10	1	9	10	14	8	22	15	17	158	—	158	220	22	242	1)
11	1	9	10	14	8	22	15	17	158	—	158	223	22	245	
12	1	9	10	14	8	22	15	17	158	—	158	224	22	246	
1977. 1	1	9	10	14	8	22	15	17	158	—	158	230	22	252	
2	1	9	10	14	8	22	15	17	158	—	158	231	22	253	
3	1	9	10	14	8	22	15	17	158	—	158	231	23	254	
4	1	9	10	14	8	22	15	17	176	—	176	236	22	258	
5	1	9	10	14	8	22	15	17	176	—	176	236	22	258	
6	1	9	10	14	8	22	15	17	176	—	176	247	22	269	
7	1	9	10	14	8	22	15	17	176	—	176	254	22	276	
8	1	9	10	14	8	22	15	17	177	—	157	162	126	288	2)
9	1	9	10	14	8	22	15	17	176	—	157	164	129	293	
10	1	9	10	14	8	22	15	17	182	—	163	164	129	293	
11	1	9	10	19	8	27	20	17	182	—	163	164	133	297	
12	1	9	10	19	8	27	20	17	182	—	163	162	134	296	
1978. 1	1	9	10	19	8	27	20	17	183	—	164	162	135	297	
2	1	9	10	19	8	27	20	17	183	—	164	165	135	300	
3	1	9	10	19	8	27	20	17	184	—	165	166	137	303	
4	1	9	10	20	8	28	21	17	197	—	178	165	137	302	
5	1	9	10	20	8	28	21	17	197	—	178	166	138	304	
6	1	9	10	20	8	28	21	17	197	—	178	166	151	317	
7	1	9	10	20	8	28	21	17	197	—	178	167	151	318	
8	1	9	10	20	8	28	21	17	212	—	212	168	152	320	3)
9	1	10	11	20	11	31	21	21	213	—	213	169	153	322	
10	1	10	11	20	11	31	21	21	214	—	214	169	161	330	4)
11	1	10	11	20	11	31	21	21	224	—	224	170	162	332	
12	1	10	11	20	15	35	21	25	224	—	224	152	19	171	5)

1979. 1	1	12	13	21	18	39	22	30	224	—	224	167	166	333	6)
2	1	12	13	21	18	39	22	30	225	—	225	165	171	336	
3	1	15	16	21	18	39	22	33	226	—	226	166	172	338	
4	1	17	18	21	18	39	22	35	230	—	230	167	178	345	
5	1	17	18	21	18	39	22	35	234	—	234	167	184	351	
6	1	17	18	25	18	43	26	35	234	—	234	169	184	353	
7	1	17	18	26	18	44	27	35	155	109	264	169	184	353	7)
8	1	17	18	26	18	44	27	35	154	110	264	169	184	353	
9	1	18	19	26	18	44	27	36	154	110	264	166	191	357	
10	1	18	19	26	18	44	27	36	154	110	264	166	190	356	
11	1	18	19	27	21	48	28	39	153	111	264	162	190	352	
12	1	18	19	27	21	48	28	39	153	111	264	138	222	360	8)
1980. 1	1	22	23	28	23	51	29	45	153	111	264	137	226	363	
2	1	24	25	28	23	51	29	47	154	111	265	138	227	365	
3	1	24	25	28	23	51	29	47	154	111	265	139	226	365	
4	1	24	25	28	23	51	29	47	153	111	264	138	234	372	
5	1	24	25	28	23	51	29	47	153	128	281	137	236	373	9)
6	1	24	25	28	23	51	29	47	153	128	281	136	241	377	
7	2	25	27	30	26	56	32	51	153	138	291	136	244	380	
8	2	26	28	30	28	58	32	54	154	138	292	121	257	378	
9	2	26	28	30	29	59	32	55	154	138	292	126	266	392	
10	2	26	28	30	30	60	32	56	155	137	292	126	268	394	
11	2	26	28	31	31	62	33	57	155	138	293	126	270	396	
12	4	26	30	31	31	62	35	57	154	138	292	126	272	398	
1981. 1	4	26	30	31	31	62	35	57	154	138	292	117	283	400	
2	4	26	30	31	33	64	35	59	154	139	293	117	285	402	
3	4	27	31	32	33	65	36	60	154	139	293	121	299	420	
4	4	27	31	33	33	66	37	60	154	139	293	138	297	435	
5	4	27	31	33	33	66	37	60	154	140	294	139	301	440	
6	31	0	31	66	0	66	97	0	154	140	294	149	286	435	

（出典）『国際通信統計月報』1976-9～1981-6，国際電信電話株式会社

（注）特記がない場合，端局は東京端末局．上記の「その他」とは，国際写真電報，国際ファクシミリ電報，国際音声放送伝送，国際デーテルの実回線などの合計である．

（備考）
1）日中間海底ケーブル開通
2）OLUHO ケーブル開通
3）日中平和友好条約
4）鄧小平国務院副総理が来日
5）中国，改革開放路線
6）米中国交樹立，台湾関係法
7）OKITAI ケーブル開通
8）大平―華会談，1979年度500億円借款供与で合意
9）華国鋒，国務院総理として初来日

二月、広東省に経済特区が正式に成立した一九八〇年八月ごろなどを契機としていたことが見受けられる。八一年二月の回線数をみると、開通時の三・五倍に相当する六〇回線（上海二七回線、北京三三回線）に増えているが、その四ヵ月後には日中間海底ケーブルは切断されて、利用がストップしている。このケーブルは開通後わずか四年八ヵ月しか利用されていなかったことが、この統計表にもはっきり表われているのである。

このように、日中間海底ケーブル布設後、通信需要が急激に伸びたわけではなかったが、開通半年後の一九七七年四月時点の利用状況が順調であったことは、第八〇回国会の参議院逓信委員会におけるKDD木村惇一常務取締役の次の発言によってうかがえる。(7)

現在、電話回線といたしまして、東京—北京間に八回線、東京—上海間に二回線、それから電報回線といたしまして東京—上海間に四回線、テレックス回線が東京—上海間に二回線。以上でございます。今後の計画といたしましては、トラフィック量の増加に応じまして、順次、回線をふやす予定でございますが、とりあえず、本年度は、上海との電話回線等にさらに二回線使用する予定でございます。（中略）最近の対中国通信業務の状況を申し上げますと、電報につきましては一月に平均約四万五千通、発信着信合計でございます。四万四八〇〇、四万五〇〇〇、四万四〇〇〇といったような移動がございますが、大体四万五〇〇〇であります。電話の度数につきましては、月平均約一六〇〇度ぐらいの通信がございます。

ただし、営業面からみると、この統計表の後半、すなわち一九八一年五月末時点で使用されていたのは四八〇回線のうちわずか六〇回線にすぎず、郵電部もKDDも相当な赤字を出していたことは問題とされた。日本国内がパンダ・フィーバー、シルクロード・ブームで沸く一方、両国の通信需要は伸び悩んでいたのが実態であった。

ケーブル障害の発生

日中間海底ケーブルは、開通から二年間ほどは安定していたが、一九七八年一〇月一一日に最初の障害が発生した。障害は、上海から三〇〇キロの水深五三メートルのR−24地点で、人為的外力が無外装ケーブルを切断したとみられた。ちょうど鄧小平《とうしょうへい》が「日中平和友好条約」締結のために来日していたときだったので、これを阻止する人為的な工作だとの見方が日本のマスコミに流れた。

ケーブルの保守を担当していた保全部長の石川恭久は、海底建設本部や運用部などとの連携により、障害修理のための対策会議を開くとともに、湯口裕らを上海に派遣した(8)。ケーブルの修理を終えるまでの一ヵ月の間、海底ケーブルのすべての回線はインテルサット太平洋衛星経由に切り替えるなど、応急の措置がとられた。障害修理が完了した後、三ヵ月あまり経った一九七九年二月二六日から、この事故に関する特別会議が東京で開催された。中国側からは、上海市郵電局の張徳忠《ちょうとくちゅう》、徐志超《じょしちょう》らが出席した(9)。このときの修繕のための工事費は約三億円かかったというが(10)、断線の原因は特定できなかった(11)。

その後一年あまりは障害が起こらなかった。その間に、つまり一九七九年一〇月に戦後を代表する汚職事件のひとつであるKDD事件が起こり、社内から自殺者二名、起訴二名が出るなどしたため、社内外に多大な波紋が巻き起こった。その混乱が収束しない時期、つまり一九八〇年一月二二日に南《ナン》匯《フイ》寄りのR‐8地点からR‐9地点あたりで二度目の異変が起こった。

このときもマスコミは騒ぎたてた。たとえば、一月二六日付『読売新聞』夕刊は、「『日中ケーブル』ナゾの切断　天草沖海底、突然スッパリ　警報装置きかぬ〝早業〟一昨年も上海寄りで似た方法　原因不明」と題した記事を掲載し、「修理と併せて行ったケーブルの切断面調査では、大きな力でスパッと切られた事実が判明、人為的な工作によるとの見方も出ていた。頻発する切断事故のナゾは深まるばかり」と不安感をあおるような論調で書きたてた。

同月三一日、KDDの保全部が日中ケーブルの障害修理に関する打合せを主催し、対策を講じた(12)。さらに、保全部長であった石川恭久の記録では、二月五日から小林見吉らと日中ケーブル障害修理に関する会議のために上海に出張したとある(13)。こうした協議を経て、三月五日にKDD丸が第二回の障害を修復するために横浜港を出発し、一二日には探線に成功し、翌一三日には海底ケーブルを復旧させた(14)。ただ、このころには中国国内で日本の技術に対する不信感が囁かれはじめていた。

中国側の対日感情にいささかの不信感が芽生えたため、四月七日から一六日まで、東京で日中間海底ケーブル第二回保守会議が開催された。この会議では、二回の障害の状況や、その後の修復工事について協議された。この会議では、KDD保全部の石川恭久部長を団長とする代表団と、上海市郵電管理局の張徳忠電信処長を団長とする一団とが協議を重ねて、以下の内容を盛り込んだ会議要項が作成され、日中両文にそれぞれ署名がなされた。なお、この保守会議についてはKDD側の資料は残されていないため、以下は中国側の文書による。(15)

(1) 中日双方は、海底ケーブル保守工事中の協力に対して満足の意を表明し合い、海底ケーブルシステムや上海—東京間の伝送経路の質や量に対し十分な評価を与えた。しかし、一九七八年以来海底ケーブルが続けて二回障害が発生したことは、中日両国の通信に相当の影響を与えており、双方ともこのことに対してきわめて強い関心を抱いている。

(2) 中日双方は、上海での第二回特別会議協議計画に準じて、今回の海底ケーブル障害の修理工事が円滑に完了したことに対して満足の意を表明する。海底ケーブル障害の原因については、日本側は関係部門に委託しておこなった基本調査で得た結果から、ケーブルの断面の状態が第一回の障害と酷似していると説明した。同時に、障害箇所が海底に残った二本の平行した溝跡とケーブルルートが交差したところで発生していることから、中日双方はケーブルが漁労の器具で引っ張られて切れたと推測している。中日双方とも、漁労の方法などについてさらなる調査をおこない、障害の原因についての正確な判断を下すことにした。同時に、中日双方は、今後の海底ケーブルの安全、保守問題について協議をおこなったほか、今回の海底ケーブル修理工事の費用について十分な意見交換をおこなった。

（3）中日双方は、今後中日間の伝送回路が増加するという予測に鑑みて、中日海底ケーブルの第一回保守会議で策定した「中日海底ケーブル伝送回路と衛星回路の修復」を修正する必要があると考え、双方共同で「中日海底ケーブルルートと衛星回路の修復計画（一九八〇年四月改正）」を策定した。

（4）中日双方は予備用ケーブル保管設備の費用問題について、各々の見解を明らかにし、この問題をさらに協議する必要があると考えるに至った。

（5）中国側が苓北の陸揚局を視察した際、日本側は夜間や休日に監視する人がいないときの経験を紹介し、双方とも技術的な保守工作について紹介しあった。

（6）中日海底ケーブルシステムの保守弁法第一二条の規定にもとづき、中日双方とも、中日海底ケーブル第三回保守会議を中国で開催することを決定した。具体的な日程、開催場所、内容は、後日別に調整をおこなうことになった。

この文書からも、日中双方が、この二回の障害の原因を継続調査することを重視していたことがわかる。なお、（3）の策定・修正案件の内容は明らかではない。

ところが、この第二回保守会議からほぼ一ヵ月後の一九八〇年五月一六日に、ケーブルの障害原因を特定する間もなく、二回目と同じく、またもやR-8地点からR-9地点あたりで三回目の障害が起こった。KDDの海底建設本部、保全部など海底ケーブル担当部署としては、この障害が、同時期に布設作業を進めていた日韓ケーブルの安全性にも関係がないかを気にかけて、障害原因の調査およびその対策について社内協議を開始した[16]。

さらに、九月二四日の早朝、苓北局の高須所長からKDDに対して、四回目の障害が起こったとの連絡が入った。KDDは、即座に上海市郵電管理局の張徳忠電信処長に写真電報で状況を伝えた[17]。障害箇所は、R-26地点からR-28地点までの区間である。KDD社内では、再び保全部と海底線建設本部とが原因調査について協議をした。また非常障害対策東京本部が活動を始め、障害対策センター長会議（支社運用部主催）が開催された。さらに、日中ケーブル障害復旧修理に対する実務作業を担うKCSとも打ち合わせがおこなわれた。

不可測の事態は続くもので、四回目の障害が起こってから、わずか五日後の二九日、追い打ちをかけるように第五回の障害が起こった。その障害箇所は、四回目の障害部分の西側、第一回障害発生近くのR-24地点からR-25地点までの間だった。

三回めから五回めまでの障害箇所は上海側から二五〇〜三五〇キロに集中しており、同海域では日本、中国、台湾、韓国、北朝鮮などから百トン級の漁船が、常時千隻以上も出漁してタチウオ、鉄砲エビなどを獲っている豊かな漁場であった。『読売新聞』の記事「漁船の疑い濃い　日中海底ケーブル切断　KDD発表」によれば、KDDが「五回も発生した障害の原因について漁業にしぼった疑いを公表したのは、今回が初めて」だったということである(18)。

その翌日、ＫＤＤでは、午前中に障害復旧センター会議を開き、午後に福地二郎常務を本部長とした通信非常障害対策本部会議が開催された。こうした対策会議では、ケーブル障害の状況、修理の方法が協議されたが、その後の措置の方針については常務会に諮ることになった。ケーブル障害が連続して起こったことについては、郵政省の要請により、海上保安庁と郵政省の協議にＫＤＤが社員を派遣して説明がおこなわれたりもした。三〇日には、上海市郵電管理局より張徳忠電信処長の名でテレックスが届き、ケーブル復旧のためにＫＤＤ丸の出動を要請され、あわせてこの障害の件を含めて日中間で合同会議を開催したい旨の提案がなされた(19)。

ケーブル障害の復旧

こうして、一九八〇年一〇月一五日から二一日まで、これらの障害問題とその復旧対策について協議するために、上海で第三回特別会議が開催されることになった。この会議には、日本側はＫＤＤの海底線建設本部建設部の織間政美部長を団長として、同部の木下不二夫次長、ＫＤＤ研究所の湯口裕らが参加し、一方中国側は張徳忠電信処長を団長とする代表団が出席した。この会議は重視されたため、建設事業の当事者だけでなく、中国側から郵電部電信総局の張広玉《ちょうこうぎょく》副処長、外事局の趙網《ちょうもう》、上海市郵電管理局の袁驊《えんか》副総工程師、日本側からは郵政省電気通信政策局の松尾勇二総務科技術室長らも参加した。

この第三回特別会議では、日本側から三度の障害修理報告があった。提出された資料によれば、海底ケーブルの障害原因は、何か硬い物質が斜めにケーブルをひっかけたために破損が起こったのだと報告された。一方、中国側の意見は、日本側団長を務めた織間政美部長によれば下記のようなものだったという[20]。

中側から、布設工事に不具合つまり、埋設深度の浅い所があり、そのため底引き網のウォーターボードが触れて生じた障害が疑われ、責任は日側にあるのでないか、との発言がありました。日側から、工事の検査担当者からの聴取、工事データの見直しを行った結果、確実に工事されていることを説明し了解されました。

さらに、第四回、第五回の障害に対する復旧方法について、日中間で以下の点が確認された。すなわち、修理の順序として、まず第四回の障害箇所を先におこない、次に第五回の障害箇所R-24地点からR-25地点まで二ヵ所のケーブルをすべて同軸ケーブルから外装ケーブル（四・五〜六ミリ）に交換することにした。さらに、頻繁に障害が起こる原因およびその後の安全保護の問題について、以下のような事項が協議された[21]。なお、この保守会議についてもKDD側の資料は残されていないため、以下は中国側の文書による。

（1）双方の漁業関係者を通じて、東シナ海の漁船が用いる漁労方法と使用する漁具について調査をおこない、あわせて調査資料を相互に交換する。

（2）R－20地点からR－30地点の間に頻繁に発生する障害の原因を明らかにするために、上述した海域の漁労方法や漁具について、すみやかに調査をおこなうことが必要である。

（3）海底ケーブルの安全措置をはかるために、無外装の埋設ケーブを一重埋設ケーブに一部変更し、海底ケーブル布設ルートの変更を協議したが、これらは継続審議とされた。

この会議では、障害の原因だけを話し合ったわけではなかった。中国の郵電部からは、日中間海底ケーブルを使って、日本を経由し米国、フィリピン、オーストラリア、香港への海底ケーブルによる通信ルートを開設したいので、実現に努力してほしいとの申し入れがおこなわれた。当時の中国は、米国、フィリピンとの通信をインテルサット衛星回線で、またオーストラリアとの通信もこの回線によっていたとみられる。また香港との通信には、インテルサット衛星と地上回線とを利用していた。一方、日本は、米国、フィリピン、香港とはTPC－2やOLUHOケーブルなどの同軸海底ケーブルで連絡されており、オーストラリアとはグアム、ニューギニア経由のC&Wのケーブルで結ばれていた。

日中間海底ケーブルを日本、中国の二国間通信だけで利用するのではなく、グローバル・ネットワークと接続させて使用するというアイデアは、一章でみたように、一九七二年一〇月に開催された北京会談でKDD海底線調査室志村静一技術部長が中国側に披露したビジョンであったが、中国はこの通信ビジョンをまさに日本から「建設学会（建設し学びとる）」したわけである。

日本国内でも、この会議の終了日である二一日、第九三回国会・参議院逓信委員会においてケーブル障害問題が取り上げられた。日本社会党の大木正吾委員からのケーブル障害原因に関する質問に対して、郵政省電気通信政策局長の守住有信は、次のように答弁している。(22)

単に早期復旧の面だけではなくて、その再発防止対策とか事故原因の究明の調査につきましてKDDに指示しておりましたり、私どもも海上保安庁に緊急連絡ルート等につきましての依頼を申し上げておるところでございます。（中略）したがいまして、その原因につきましてまだどうだこうだということはなかなかいえないわけでございまして、いろんな可能性を踏まえて日中間でその対策を講じていきたいと考えておる次第でございます。

この答弁を踏まえて、質問者の大木委員は、ケーブル障害について第三者の嫌疑を匂わせるような次のような質問を続けている。

意図的にやったということなどが出てきますと、この種のことがこれからもケーブル問題について続く心配がございますから、そういう点、郵政省だけではなしに外務省等とも十分連絡をとられて原因をはっきりしていただいて、外交ルートなども必要ならばやっぱり通じて、そしてないようにしておかないと、頻繁に起きてもまずいんじゃないか。（中略）単に、これはケーブルが深く入っていますから漁船がひっかけたということじゃなかろう、こういう感じもするので、その点、念のために申し上げておきたい。

当時、頻繁におこるケーブル障害の原因を特定できなかったために、日本のマスコミでも、大木委員のように第三国の謀略ではないかとの邪推が横行していた。たとえば、一九八〇年六月一八日付『読売新聞』夕刊では、「なぞの切断　日中ケーブル」と題した記事が掲載され、切断の原因は不明としながらも、「国際謀略か─三回とも中国首脳の来日と一致」とのセンセーショナルな副題をつけて報道したし、同年一〇月三日付『毎日新聞』東京朝刊では「怪電波、日中衛星電話を〝切断〟─発信地は第三国か」という記事が掲載された。さきの大木委員の質問は、明らかにこうしたマスコミ報道の「謀略説」にあおられての質問であり、なんらの根拠にもとづくものではなかった。

KDD丸は、一九八〇年一〇月一七日に四回め、五回めの障害を復旧させるために長崎港を出港した。このとき上海での第三回特別会議開催中であった。図17のように、ケーブルの復旧は回航しながら探線し、錨にケーブルに引っかけるまでひと苦労であった。深海部ならば、かかったケーブルを船上に引き上げ、修理用ケーブルを接続し、断線したもう一方のケーブルを同様な方法で引き上げ、両者を船上で接続して海底に沈めるだけでよかった。ところが埋設ケーブルの場合は、布設する前後あるいは最中に埋設をしながら再度布設をしなければならなかったのでたいへんな作業量になった。とりわけ潮流をよみながらケーブル布設船を操縦する船長の技量が、復旧工事におおいにものをいった。このときの二回の障害に対する復旧工事は二九日には完了し、翌日にKDD障害復旧センターから復

図28　障害地点と新旧ケーブルルート

旧工事の経過説明があり、ＫＤＤは郵政省電気通信政策局技術室の松尾勇二室長に対して復旧完了の報告をおこなった。

ところが、郵政省電気通信政策局への報告がおこなわれたその三〇日、ＫＤＤ丸が復旧を終えて帰港する途中に、なんと六回目の障害が起こった。そのため、ＫＤＤでは緊急に非常障害対策本部が開かれ、上海市郵電管理局に緊急連絡をとり、長崎に帰投中のＫＤＤ丸を再び障害現場に派遣することになった。中国側も、三一日夕刻に郵電一号を出動させ、海上パトロールにあたろうとしたが、ピッチプロペラの故障で出動できなくなったため、代わりに中国船 OCEAN TAG 徳平がこの任にあたった。このときの復旧は四日後の一一月二日に完了した。復旧から四日後、郵電部とKDDとが、「日中ケーブルの障害修理経過と今後の保護対策」について協議したが、さらに一ヵ月もしない一一月二六日にR-20地点からR-21地点までの区間で七回目の障害が起こってしまった(23)。

このように頻発するケーブル障害に対処するために、一九八〇年一二月二日上海市郵電管理局（七八年三月に組織名から革命委員会の名称は削除された）からKDDに会議開催を促すテレックスが届いた。二日後、KDDは特別会議開催を受諾と返信した。KDDとしては、当面日中ケーブルの修理をおこなわず、障害対策について社内の検討体制を固めることを協議しており、その迅速なる対応をおこなうために一七日社内に臨時海底ケーブル障害対策協議会を発足させた。郵政省電政局技術室の松尾勇二室長に対しては、一二月二七日と一月八日の両日、日韓ケーブルおよび日中ケーブルの障害対策の進捗状況について報告がなされた(24)。

復旧工事の放棄

KDDと上海市郵電管理局による第四回特別会議は、一九八一年一月二〇日から東京で開催された。この会議においても、原因の究明とその後の対策について協議がおこなわれた。中国側の参加者は、上海市郵電管理局顧問の陳光遠《ちんこうえん》団長をはじめ、郵電部電信総局の張広玉副処長、上海市郵電管理局の袁驊総工程師らが参加し、日本側はスポット的にではあったが郵政省電政局技術室の松尾勇二室長も

参加した。第四回特別会議での協議の結果、埋設ケーブルの障害原因について、以下の六点が合意に至った。(25)

（1）この間の日中双方の調査によって、ケーブル布設ルート近辺で大量の袋待網漁(26)の漁船が確認されていたため、建設時には予想できなかった袋待網漁業の錨によると思われること。
（2）修理によって海底に露出したケーブルは底曳網によっても障害となり得ること。
（3）修理は抜本的対策を策定した後に実施すること。
（4）抜本的対策を策定するための調査検討を双方が可能な範囲でそれぞれ実施すること。
（5）日中双方でケーブル保護の周知活動を実施すること。
（6）その後もケーブルが切断されることは十分に予測されるため、七回め以降は修理をせずに、障害の原因の究明とその対策について優先的に検討すること。

さらに五月中も三回の障害が発生したようである。(27)当時は、八〇％以上が埋設されている海底ケーブルを、どのように修理するかという工事方法もはっきりしない時代であった。そのため、保守のやり方についても具体策を検討しなければならなかった。そして、表2でも確認できるように、一九八一年六月の日中間海底ケーブルの利用回線数は、北京、上海ともゼロになっており、その後は修復されないまま放置されることになった。

ＫＤＤ丸による修復工事は、上述したようにＲ－20地点からＲ－28地点までの区間で起こった第七回の障害に対するものであったが、保全部の小林好平の報告書では、確認された障害箇所が少なくなかったことが示されている。たとえば、一九八一年にはR‐9地点からR‐10地点あたりの区間で障害が発生し、八二年にはR‐8地点からR‐9地点あたりで九回目の障害が起こっていたことについて触れている(28)。さらに小林は別の報告書で、以上の一〇ヵ所の障害地点のほかにも障害がみられたことを、次のように記している。

R‐18からR‐44間に発生した24か所の障害は軟らかい泥の海底質地帯で、かつ、鮟鱇《あんこう》網漁業の盛んな区域に集中していることが明らかとなり、現状ルートで復旧しても、再び同様な障害が多発することは避けられないというはっきりした認識が日中双方で生れ、今後の検討の方向に大きな指針を与えることとなった〔傍点は引用者〕。

つまり、これまでの報告書では障害発生時期や場所について具体的な記述がみられない一四ヵ所の障害箇所もあったことがわかる。しかも小林がこの報告書にあげた障害地点の箇所（図28）は、R‐18地点からR‐20地点あたりと、R‐43地点からR‐46地点あたりに集中していた(29)。これらの箇所は、障害の原因が埋設深度とかかわる問題であったことを示唆する重要な点であった。たとえば、グラフ1の「埋設工事記録」をみていただきたい。これは、日中間海底ケーブル全体における布設・埋設深度を記したグラフであるが、多少なりとも障害記録が残されているR‐20地点からR‐28地点およびR‐8地点からR‐10地点までの区間が、トロール漁対策の埋設目標深度とされている七〇センチにさえ微妙

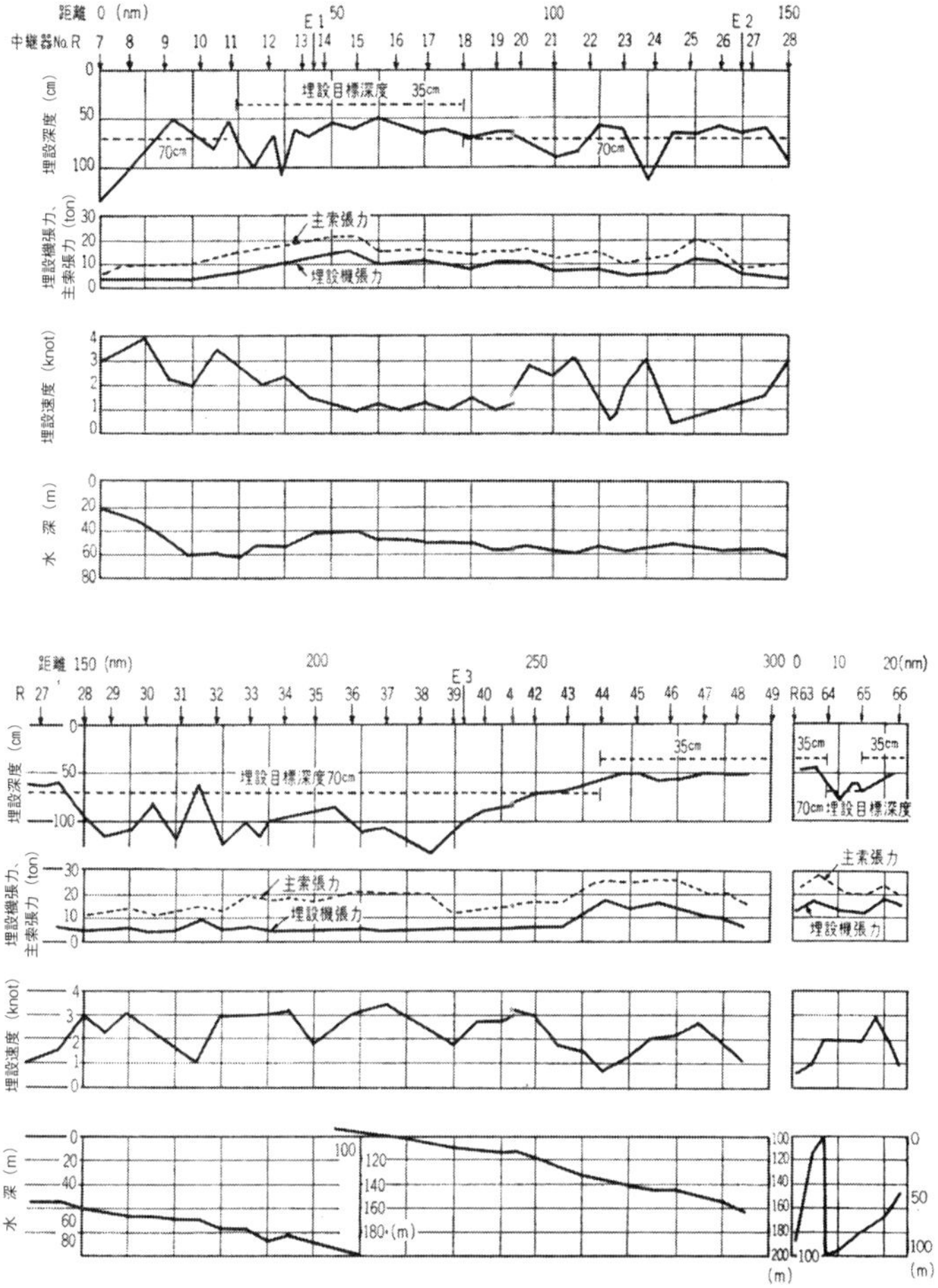
距離 0 (nm)
50
100
150
E 1
E 2
中継器No.R
7 8 9 10 11 12 13 14 15 16 17 18 19 20 21 22 23 24 25 26 27 28
埋設深度 (cm)
埋設目標深度　35cm
70cm
埋設機張力、主索張力 (ton)
主索張力
埋設機張力
埋設速度 (knot)
水深 (m)
距離 150 (nm)
200
250
300
E 3
R 27 28 29 30 31 32 33 34 35 36 37 38 39 40 4 42 43 44 45 46 47 48 49
埋設目標深度70cm
35cm
0 10 20(nm)
R63 64 65 66
70cm 埋設目標深度
180·(m)
(m)

グラフ1　埋設工事記録

に到達していないこと、具体的記録が残されていないR-18地点からR-20地点およびR-43地点からR-46地点あたりではこの目標深度を達成できなかった箇所であることがみてとれる。むろん、こうした分析は日中の建設当事者でもおこなっていたはずである。布設工事がおこなわれた一九七六年当時、日中間海底ケーブルで想定されていた漁労対策はおもにトロール漁であった。そのため、設定された埋設目標深度を七〇センチとして開発された多段鋤式埋設機の性能では、後述するように、オイルショック以来東シナ海で巨大化する袋待網漁に対応できなかったのである。

五　復旧への長い道のり

障害原因の調査

一九八一年六月以降、日中間海底ケーブルは、障害の原因を特定して解決策を講じることができるまで、ケーブルを復旧しないままに放置することになった。むろん、その間に日中双方とも、漁具などの貫入実験、新型埋設機や探線機の開発、復旧候補ルートの海洋調査、旧ルート上のケーブルや中継器の回収と修復などについて協議を重ねていた。中国側の責任組織は、建設業務を担当する郵電部基本建設司の手を離れて、運用、保守、修復を担当する同じ郵電部の電信総局に引き継がれ、張広《ちょうこう》玉《ぎょく》局長が責任者となっていた。

ただし、実際には建設当事者である上海市郵電管理局任せの傾向が強かった。この点は、元KDD海底線建設部の石原英雄も、「復旧工事の時にはもう、なかったですね。政府レベルの話は」「北京との直接交渉はないです」「もう、あるケーブルの修理だから、担当者同士でやってくれということだったと思いますね」と明言している。電信総局の張広玉は、重要会議に顔を出すくらいであった。

建設のときは郵電部の幹部がその成果をアピールしたが、自らの事業の失態を表面化させるようなことは望まなかったし、復旧作業じたいもいたって実務的なものだったのである。こうした傾向はＫＤＤ社内でも同様であり、公表された復旧関係の報告書はいたって少ない。

したがって、以下に整理するように、ケーブル障害の原因究明や新たな海洋調査、復旧工事などは、ＫＤＤと上海市郵電管理局という建設当事者間で、実務的、技術的な解決策が講じられ、実行に移されたと思われる。復旧に要した五年間の技術資料がきわめて少ないのは、こうした事情も一因であろう。

袋待網漁の巨大化

ケーブル障害の原因調査を進める過程で、袋待網漁用の大型の錨《いかり》、トロール網漁の網、大型船の錨などが浮上してきた。そこで、一九八一年六月とその翌年六月の二回にわたって、海底土質調査と韓国から輸入した大型の錨（爪の先端間隔が約二・二メートル、重量約〇・八トン）が海底に貫入する深さを測る実験を、リモートコントロールによる自走式海底ケーブル探査・埋設機（ＭＡＲＣＡＳ）を使用しておこなった（図29）。

この海洋実験の結果、ケーブル布設ルートの中央部の海底土質が非常に柔らかいところでは大型の錨が二メートル以上も土中にもぐりこみ、網を広げている張力で錨が簡単に移動するという事実が明らかに

図29　新開発のMARCAS

なった(1)。当時海底線建設本部建設部長であった織間政美も、ケーブル障害の原因について、筆者に次のように伝えている(2)。

日側で、ケーブル布設海域をソナーで探査したところ、幅は一m以下で、一〇〇mを超える長さの溝が数本発見された。また海上で大きな網と錨を持ったハングル文字が書かれた漁船を発見し、調査した結果、韓国の仁川漁港のあんこう網漁船であることが判明し、私が漁業組合長に会い、ケーブル布設海域での操業を自粛するよう要請したが実現できなかったこと、また二mをこす巨大アンカーを発見したことを報告しました。潮流による網の抗力でアンカーが引きずられて移動することも分かり、原因がほぼ究明できました。

九月三日、KDDソウル事務所木下不二夫所長が、帰国したおりに、日中間ケーブル海域の漁業操業状況の図面を持参した。(3) この図面により、上海から南へ約一〇〇キロのところにある寧波《ニンポー》市と鹿児島県トカラ列島を結ぶ北緯三〇度附近まで袋待網操業域が展開されていたことがはっきりした。この海域は、一九六七年五月一六日外務省告示第七七号「韓国との共同資源調査水域取極《とりきめ》」で示されていた北緯三〇度以北、東経一三〇度以西の共同資源調査の南端あたりに一致している。海底ケーブルの障害が起こっていたのは、まさに日中韓三国の漁業圏の抗争海域であった。

オイルショックの影響

問題視された袋待網漁は、有明海で古くからおこなわれた漁法であり、網漁具を錨で固定して潮にのってくる魚をとる漁法で、あんこう網漁もその代表的なひとつであった。一九六〇年代後半以降の日本国内では、乱獲による資源の減少、収益性の高いノリ養殖への転換、漁業労働者の減少によって、袋待網漁は急速に衰退していた。

ところが、一九七九年の第二次オイルショックは、東アジアの漁法を大きく変化させた。日本では、A重油（軽油引取税を課さない農漁業用の軽油）の価格は、一九七九年初めには一キロあたり二万八〇〇〇円だったのが、年末には五万九五〇〇円、翌八〇年一月には六万七五〇〇円にまで高騰し、(4) 石油依存の漁法は労働力の低下もあって漁獲高を減少させることになった。

他国でも同様な状況であった。例えば韓国では、オイルショック以降に燃油使用量の少ない省エネ漁法として、日本船の日本海沖合出漁によって技術移転された袋待網漁が注目されるようになっていた。韓国の袋待網漁は一九六〇年代に技術が確立し、七〇年代になると漁船の大型化、漁場の拡大、漁具の変化などによって、八〇年代には三〇万トン近くの漁獲量を誇る代表的な沖合漁業になっていたという[5]。その結果、海底に投入して固定する錨は大型化し、このことが海底ケーブルにとって大きな脅威になったのである（図30）。

図30　巨大な袋待網漁の錨

当時海底線建設本部技術部にいた江幡篤士は、日中間海底ケーブル建設事業と袋待網漁法の関係について、インタビューのなかで次のように語った[6]。

オイルショックが引き金になったのです、この袋待網は。なぜかというと、それまで二艘曳きでやるトロール〔まき網漁〕で魚を捕っていたのだけども、オイルが上がったために、沿岸でやっているような方法で捕る海域を少しずつ沖へ沖へ出していったのですね。ちょうど障害が起きたその頃になって、その大型化が完全になって、東シナ海ほぼ全域まで韓国漁船は南下することになった。（中略）普通の底曳きだと重油を燃やして引っ張りますのでね、オッターにしろ、二艘曳きにしろ。その値段が高いので、オイルを使わない漁法が導入された、そういうことです。

戦前に東シナ海でおこなわれていたトロール漁の網は、一〇センチ程度しか海底に入らなかったので、当初はケーブルを一メートル程度も埋めれば問題ないと考えられていた。そのことは、建設工事着手の二年前の一九七四年一〇月七日にＫＤＤ海底線本部木下不二夫海洋課長が中国側への説明として、以下のように述べていることからもうかがえる。「東シナ海の漁船は、一五〇ｍまで投錨できる（一般には一〇〇ｍまで）、この場合ワイヤロープ（鋼索）に鎖をつけている」「アンカーは五〇kgがmax、海底に三〇〜四〇cm入る。ただし、底質は泥質、砂」、そうした論拠からＲ-18地点からＲ-38地点までを無外装ケーブルの布設区間として提案している。(7)

ところが、このころ、東シナ海域ではすでにトロール漁は終息しつつあったという指摘もある。(8) 一方で、巨大化する袋待網漁の錨は、ＫＤＤを含めた関係者の想定外の代物であった。深度であれ、ケーブルの種類であれ、袋待網漁対策はまったくできていなかったのが実情であった。

日中双方で、その後一年間ほど協議を重ね、調査を続けるうちに、障害が中国側から約三〇〇〇キロの水深五〇メートルあたりの地点が最も多かったことや、障害発生時間が漁に好適な潮流の時刻と一致していたことなどから、袋待網漁がケーブル切断障害の主要な原因であるとの見方がしだいに有力になっていった。

そこで、ＫＤＤは韓国側の漁船や政府機関との交渉の過程で、袋待網漁を制限する代わりとして補償問題を提言した。この漁法を制限することに関しては、日本の郵政大臣から韓国の逓信部長官あてに協力依頼文書を出し、またＫＤＤと韓国漁協との密接な話合いの場をもつことが希望されていたという。またＫＤＤから郵政省に対して、一二月二三日に日韓大陸棚開発に対する日中間ケーブル保護協力要請や、袋待網漁具に対する補償の問題の打合せをおこないたい旨、要望したこともあった(9)。ただ、こうした韓国側との交渉がどのように帰結したのかははっきりしない。

もちろんＫＤＤは、ケーブル障害のすべての原因を韓国の袋待網漁だけに特定していたわけではなかった。漁法自体は流行遅れになっていたとはいえ、日本の沿海部でおこなわれていたトロール漁にも注目していた。一九八一年六月、亀田治らＫＤＤの担当者は、赤坂にある全国まき網漁業協会を訪問して遠洋施網漁協の尾崎常務理事と会い、日中間ケーブルの保護努力に関する希望を説明している(10)。同年一二月にも、全国まき網漁業協会の金子岩三会長（自民党議員）を訪問し、日中、日韓ケーブルの現状と、その保護についてまき網漁業関係者の協力を得たい旨、相談を持ちかけている。さらに一二月七日午後には、尾崎理事と再度面談している(11)。このほか、大型船が停泊するために使用する大型の錨も、ケーブル障害の原因になっていたことも否定できなかったと思える。

日中合同の対策協議

一九八一年九月に日中間ケーブル障害の抜本策について、KDD社内の打合せがおこなわれ、一〇月には日中間ケーブル臨時障害対策協議会第三回会合が開催された。しかし、いかなる対策案がよいか結論に至らず、中国側に意向を打診し、また技術的検討を進めることになった(12)。

同年一二月には、KDDの志村静一常務、織間政美部長、佐藤正紀調査役らが日中間海底ケーブルの抜本策の策定と新型埋設機の開発推進状況の打合せをおこなった。その際、ケーブル復旧対策のひとつとして、埋設深度を増大させることが提案され、新型の埋設機、後埋設機、探線機の開発が本格的に着手されることになった。当初の計画では、埋設機は多段ウォータージェットによる掘削と多段《ただん》鋤《すき》による掘削を併用したハイブリッド形にすること、露出ケーブルの後埋設機については多段ウォータージェット掘削自走式埋設機が予定され、探線機についてはケーブル検知系が検討されていた。ところが、障害多発区域の調査を検討したところ、埋設深度を一・五倍程度にすれば対応可能だとの知見を得られたため、埋設機はハイブリッド形ではなく現行の多段鋤式（図10）に、後埋設機については多段ウォータージェット式ではなく海底の状況に対応しやすくするため手動のマニピュレータジェット掘削方式に変更することになった。そのほか、ケーブルシステムについては等化方法や伝送特性の検討がおこなわれて、一部システムの調整がおこなわれた(13)。

一九八二年になると、日中間海底ケーブル復旧に関して、日中両国の当事者が意見交換会合を開催することになった。まず一月一二日から第一回会合が開かれ、埋設深度増大のための埋設機の開発、袋待網漁協への働きかけなどについて話し合われた。つづけて五月九日に第二回会合が開かれ、また八月には袋待網漁における錨貫入度に関する海洋実験データを持ち寄って復旧対策を協議した。しかし、いずれの会合でも具体的な対策を確定するには至らなかった。KDD社内では、八月一七日に「ソウル事務所に依頼した袋待網の動向調査の報告を笹本常務にあげる。社長、副社長へも供覧のこととする」ことが決められ、社をあげて対策に挑むことになった。(14)

このころにはケーブル障害への抜本的対策として、KDD社内では密かにケーブルルート変更についての協議が進められていたようである。『亀田メモⅦ』には、「笹本常務と日中ケーブル復旧について協議、上海市郵電管理局へルート変更について予め検討して第三回意見交換会合へ臨むよう電話連絡することで了」と記されている。(15) KDDとしては、中国側の意向が不明な段階では、こうした協議が進んでいることを、できるだけ外部、とりわけマスコミをはじめとして、KDDの労組、NTT、地元にも洩れないように細心の注意を払っていた。KDD内部でも、ケーブル廃止論といった極論も出るなど、議論が錯綜していたからであり、(16) まずは社内の意見をまとめる必要があった。そのうえで、非公式に上海側にケーブルルートの変更について打診する手順がとられたのである。(17)

ケーブルルートの変更が公にされたのは、九月二一日〜二八日に開催された第三回の意見交換会の場であった。上海市郵電管理局の総工程師の袁驊《えんか》も海洋実験のデータをもとにルート変更を含めた障害復旧対策を提示したが、それでも結論には至らなかった。しかも会議後一ヵ月もしないうちに、またも切断障害が発生した。(18) 一〇月一九日、上海市郵電管理局の汪義舟《おうぎしゅう》から保全部の水野義明主任宛の電話でR-8地点からR-9地点の間で、あらたな障害が発生との知らせがもたらされていたのである。(19)

郵政省も、障害の解決にめどがたたない状況に苛立ちを隠せなかった。年も迫る一二月二四日、KDD海底線建設部の亀田治部長と郵政省電気通信政策局の松尾勇二総務科技術室長とが電話で次のような意見が交わされたことが記録されている。(20)

亀田：北京への働きかけについて、KDDは目下SPT〔上海市郵電管理局〕と今後の協議の進め方について電話連絡により話し合っている。SPTにはR20~R26の調査が終ってから協議したいと話しており、協議の方向が出た段階で、郵政省へも何かお願いすることがあれば、(SPTの意向もきいて) ご相談したいと考えている。

松尾：了解したが、いつまでも復旧のメドが立たないのはまずい。郵政省の立場もある。もっとKDDが開発についても積極的であっていいのではないか。開発費を投じても、それは正当なものを認められよう。(誰も、不当とは見ないだろう。) とに角、早くSPTと協議をするよう進めてほしい。

亀田：KDDが一方的に、SPTに考え方を押しつけるのはあとに禍根を残す恐れがあるので、よくSPTと相談し、納得ずくで進めたい。

KDDは、開発面でも中国側を先導する立場であったにもかかわらず、日中共同事業としての当初方針を極力堅持しようとする姿勢を崩さなかったのである。この点、KDDの姿勢は徹底していた。

海中設備の回収

一九八三年一月、KDD訪問中の何永忠《かえいちゅう》局長から、KDD側に次の意見交換会合を早急に開催したいとの要望があり、KDD首脳陣もこれに応じると返答した(21)。局の党書記も兼任していた何永忠は、一九三二年に紅軍に入隊した古参幹部で、解放以前は軍の通信畑を一貫して歩んできた。解放後は一九五八年郵電部工程局を離任後、文化大革命時期を除いて、上海の郵電部門を統括していた(22)。

何永忠ら上海側が急いだ理由は、このまま事態を放置すれば、政治的にも責任問題に発展しかねないこともあったのだろう。いずれにせよ、日中双方とも、多大な投資をしたケーブルや中継器などの海中設備が消失しかねないとの危惧を抱いていたことは事実である。ただ上海側としては、これらの回収の重大性については理解しているものの、北京の郵電部の承認を待つ必要があった(23)。この案件にとどまらず、上海市郵電管理局の活動は、すべて郵電部の指示のもとにおこなわれていた。こうした点は、KDDと郵政省との関係とは著しく異なっていた。KDDは、常務会、幹部会、さらに高度な問題は社長の承認を経る必要があったが、あくまで社内で処理できたのである。

何永忠の提案を受けて、さっそく二月に第四回日中意見交換会が開かれた。この会議では、障害区間の早期回収が望ましいことや、KDD丸がR-18地点からR-44地点までの約三五〇キロ区間の海中設備をすべて回収することで意見の一致をみた。三月一日にKDD一行は北京に移動し、郵電部を訪問しているが、おそらくはこの方針について確約を得るためであったと思われる(24)。

五月上旬、ケーブルや中継器の回収などの手順について、KDDは社内で「日中ケーブル羅障区間の回収実施について、常務会付議、了承を得る」ことができ(25)、一方上海市郵電管理局も郵電部の批准を得ることができ、日中双方の方針が固まった。そこで、その月の二五日から東京で日中間ケーブルの回収専門家会議が開催された。中国側からは、上海市郵電管理局の王渭漁《おういりよう》、徐秉勇《じょへいゆう》、高琨《こうこん》、中国海底電纜建設公司の張徳忠《ちょうとくちゅう》、李違章《りいしょう》、汪義舟らが来日した。三日間の会議での協議の結果、回収作業は六月から三回に分けて実施することで双方の了解を得た。会議終了後の六月四日、KDDの亀田治らは、来日中の王渭漁、徐秉勇、高琨らとともにKDD丸に乗船して、二〇日間あまりの回収工事に立ち会うことになった(26)。

第一次回収工事はR-18地点からR-44地点までの区間でおこなわれたが、海中で探線する作業がことのほかむずかしく、ケーブルの回収作業は困難をきわめた。第一次回収工事は、結局、三度にわたっておこなわれて七月九日に終了した。合計五八回も探線作業が試みられたといわれ、その結果、約三〇五キロ分のケーブル、二六台の中継器、二台の等化器を回収することに成功した(27)。このとき回収したケーブルを分析した結果、R-34地点からR-40地点の間にあらたに三ヵ所の障害が発見されたほか、全部で一〇ヵ所の障害箇所がみつかった。非埋設区間でも障害が起きていたことから、この区間でも確実に埋設する必要があると認識された。そのため、新型の海底ケーブル埋設機の開発がいっそう重要になった。一方、中国沿岸部の浅海部では、郵電一号が約四四キロのケーブル、四台の中継器を回収した(28)。

回収工事とともに、一九八三年一〇月一九日から南への迂回ルートによるケーブル布設を協議するために第一回日中間海底ケーブル復旧に関する専門家会合が開催された。この会合には、KDDから小林好平、山本修三、佐藤正紀、堀越清が参加したほか、北京から北村事務所長も参加した(29)。このとき、障害原因の分析と具体的な復旧対策が熱心に討議されたという。その結果、R‐18地点からR‐44地点までに発生した二四ヵ所の障害は、柔らかい泥の海底質地帯で、袋待網漁の盛んな区域に集中していることが明らかにされた。そこで、会合では、以下の三点についての考え方をまとめ、復旧ルートの候補があげられた。

(1)ケーブルルートはあんこう網漁業用錨が海底で移動しにくい海底質の固い砂質地帯を選び、かつ、外装ケーブルを使用する。

(2)あんこう網漁業の盛んな操業区域を避ける。

(3)近隣諸国に対しケーブル保護協力の要請をする。

これらの方針に沿って、苓北《れいほく》―南匯《ナンフイ》間の南寄りへの迂回ルートか、沖縄―南匯ルートか、いずれを復旧ルートとするかについて、詳細をつめることが必要であることで意見の一致をみた。そして、一九八四年六月から二ヵ月間にわたり、上記の二つのルートの調査がおこなわれることになった。

つづけて第二回日中間海底ケーブル復旧に関する専門家会合は、一九八四年四月に東京で開催された。この会合開催直前に、熱心に事態にあたっていた上海市郵電管理局総工程師の袁驊が急死した。袁驊は一九四二年に交通大学電機系を卒業して以来一貫して技術畑を歩んできたが、中国建国直後は蘭州の送信局やアルバニアの電信局で建設指導をおこない、上海に戻ってからは一九六七年に進められた大陸間弾道ミサイルの開発計画の通信部門を主導し、そのあとに日中間海底ケーブル建設事業に携わったという経歴をもつ人物だった[30]。日中間海底ケーブルの技術部門の代表者であり、日中双方の関係者から袁驊の死を惜しむ声が聞かれたという。過労ではなかったかといううわさも日中間でとびかった。しかし、会合自体は中止するわけにはいかなかった。

この専門家会合では、上述した二つのルートについて詳細に比較検討するため、日中協同による海洋調査を実施することで合意が得られた[31]。

一九八五年五月に開始された第二次回収工事は、R-10地点からR-18地点でおこなわれ、遅くとも一〇月には完了するように計画された。一方、中国側では、上海市郵電管理局の郵電一号が、KDDと連絡を取りながらR-6地点からR-10地点までを含む海域の探線作業を進めた。上海市郵電管理局が保管していた中継器一台、計五台とともに、あらたに六月までに回収できた六ミリ簡装ケーブルと四台の中継器については、すべてKDDに返還された[32]。

一方、日本側は、回収工事実施前に海上保安庁や地元の漁業団体との調整を進めた。そして八月にKDD丸が、中国の布設船郵電一号の協力を得てR-10地点からR-17地点までを含む海域や二〇〇メートル以下の浅海で、埋設テストや袋待網漁の実験をおこなったほか、底質状態の調査、探線作業につづいて回収工事をおこない、ケーブル約一一〇キロ、中継器八台、等化器一台を回収できた。

つづけて同年一一月の第三次回収工事は、R-44地点からR-54地点までを含む海域で実施され、これを担当したKCSは、ケーブル約一四〇キロ、中継器一〇台、等化器一台を回収した[33]。これらの工事で回収できた中継器、等化器は、いずれも電気的特性に異常はなく、復旧ケーブルでも使用できることがわかった。ケーブルも第一次回収分は七〇%が、第二次、第三次分はほぼ一〇〇%が再利用可能であった[34]。このことは、復旧工事のコスト減となり、日中双方ともにある種の希望材料となった。

復旧ルートの選定

一九八四年一一月、日中双方が海洋調査のデータを持ち寄り、上海で第三回日中間海底ケーブル復旧に関する専門家会合を開催した。この会合の目的は、復旧ルートの選定をおこなうことにあった。候補にあげられた苓北—南匯ルート、沖縄—南匯ルート、いずれのルートでも、日中双方が超音波機器を用いた海底面探査を実施するとともに、海底土質を採取して分析をおこなった。その結果、両者を比較すると、袋待網漁の操業区域からの回避、海底底質の含砂率、二〇〇メートル以下の浅海での海底地形条件、復旧工事完了までに要する時間などについては、ほぼ同じ条件を備えていたが、水深二〇〇メートル以上の海底の地形条件、ルート布設・埋設工事および保守、経済性、苓北局の問題、国内伝送路の条件、協定の改定、復旧までの準備作業といった面では、従来の苓北—南匯ルートが有利であることがわかった(35)。

沖縄—南匯ルートを拒否した中国側にとって、より重要な問題は、①沖縄に米軍基地があることで情報の機密性に不安があること、②沖縄—南匯ケーブルはほぼ新線布設と同じとなり、経費も時間も余分にかかってしまうこと、③沖縄から日本本土に伝送するには、その年に布設された沖縄—二宮間沖縄ケーブルを使用する必要があり、これに余計な経費が発生すること、などであったと思われる。

とくに②について、元KDD海底線建設部の石原英雄は、次のように語っている(36)。

グッドポイントなのですが、沖縄から引く案が本気になって検討されたのですよ。(中略)ええ。そのときはね。たぶん今度は南匯のほうもね、南匯でなくなる可能性があったのですよ。それで、かなり大ごとになるのです。もう修復工事というよりも、新ケーブル建設ぐらいの経費がまたかかる。それとやっぱり苓北と南匯ありきということで頑張ってきてくれた南匯の局、それから南匯の地域の皆さんの、苓北もそうですが、もちろん嘆願があったわけじゃないですけど、一応協力を多として修復することにした、同じところでですね。ルートを変えるだけで。

だが、決定的に重要な点は、「破棄し得ない使用権」（ＩＲＵ）問題についてであったと思われる。「破棄し得ない使用権」とは、電気通信事業上の国際的ルールのひとつであり、第三者がこのケーブルの利用をリースした時は出資当事者といえども勝手に処分できないという規定であった(37)。沖縄―南匯ルートでは、この国際ルールに抵触する可能性があったわけである。

以上のような理由から、日中双方とも、苓北―南匯南迂回ルートに布設することで意見が一致した。これは、日中韓の漁業権の拮抗海域から離れることを意味し、少なくとも韓国船の袋待網漁の被害はぐっと減少することを期待させるルートであった。この手順を具体化するために、一九八五年三月から東京で第五回日中間海底ケーブル復旧に関する専門家会合が開催され、ルート変更にともなう一部海中設備の回収、中国側沿岸部の大型船の錨による障害を回避するためのルート変更、機材の追加購入、復旧費の分担、支払手続きなど、詳細な内容について協議した。そして、基本的な合意をみて、追加中継器とケーブルについて価格交渉の末、追加機材の購入、復旧費用の分担、支払手続きなどを決めた(38)。

こうして旧ルートのうち、南匯側六七キロおよび苓北側一五八キロを除く区間について、袋待網漁の操業区域を避けて南側に迂回するルート七七四キロに新ルートが設定された（図28）。この区間に二〇〇メートル以浅の埋設区間は二％、非埋設区間は四％のスラックを見積もった結果、同区間の総ケーブル長は八一〇キロとなり、システム全体のケーブル長は一六〇キロ増えて一〇三五キロに、中継器は一二台増えて七八台に、等化器は四台のまま、これらを用いたシステムに変更となった。新規に増えた分以外は、基本的に旧ルートの設備を再利用することになった。水深五〇〇《メートル》以浅はすべて外装ケーブルを使用することになったが、伝送特性は旧システムで問題なしとされた(39)。同時期、苓北局設備の老朽化した蓄電池設備の置換や空調設備の整備もおこなわれた(40)。

ただし、この時期に修復工事を実施することについては、日中双方とも戸惑いがあったようである。この点について、元KDD海底線建設部の石原英雄は、筆者に次のように述べている(41)。

> これ〔修復工事〕をやっている頃は、ちょうど〔光ケーブルの〕開発がなんとかなりそうな、という時代だったのです。もう海洋実験なんかをやっていました。（中略）社内では、もうこの同軸ケーブルを放棄しようじゃないかという動きは相当あったのですよ。中国側でもあったのです。中国側もいろいろと悩んで、KDDも悩んで、トップはずいぶん悩まれたのだと思うのです。結局、光ケーブルとの端境期ということもあって継続したのです。もうひとつ悩ましいのが、これCS-5Mというシステムなんですが、そのときにはCS-36Mという、もう少し容量の大きい同軸ケーブルシステムが開発されていた。そちらの人たちは自分たちの開発したものを入れたらどうかという動きはあったのです。結局、そうなると新ケーブルですよね。これには膨大なお金がかかりますから。結局、これ、再利用しましたから、ケーブルを回収して。ですから、安くできたわけですよ。とりあえず、中国と日本との通信容量が、まだ非常に少ないのです。だから、ま

だ保守物品も持っているし、回収すれば使えるし、もう一回これでやろうということになりました。

一九八五年八月、新ルート上における漁業用大型錨対策が最も望まれる区間で、錨の貫入・移動量を調査する実験がおこなわれた。また、旧ルートの埋設区間ではほぼ無外装ケーブルが布設されていたが、擦過傷による障害が六ヵ所でみられたことも重大視された。無外装ケーブルのせん断破断力が約二〜三トンであったのに比べて、一重外装ケーブルは五〜一〇トンであるため、漁業による影響が心配される水深五〇〇メートル以浅の区間は、埋設区間を含めて、すべて一重外装ケーブルを使用することになった。このほか、日本、中国をはじめ、韓国に向けても海底ケーブルの保護要請活動をいっそう強化することになった[42]。

新ルートでの「復旧工事」

一九八五年一一月二六日から、上海で第五回日中特別会議が開催された。この会議でケーブルの復旧が正式に承認され、そのための具体的な設計書、工事仕様書、機材調達、工事日程、費用見積り、費用の分担支払方法などについて協議された。その結果、一二月一日にＫＤＤの大山昇取締役と上海市郵電管理局の呉如森《ごじょしん》副局長とが会議要項に署名をおこなった。ケーブルの布設が南に迂回したため、ケーブル長はその分余分に必要となり、復旧システムの全ケーブル長は、ストック分を含めて約一〇三五キロと見込まれた。そのうち、郵電一号は中国側のケーブル三八キロと中継器三台を布設し、ＫＤＤ丸は日本側約七七二キロ（うち五〇六キロは水深二〇〇メートル以浅の大陸棚）と中継器五八台、等化器四台を布設することになった。日本側担当箇所では、多段鋤式埋設機を使用し、非埋設部分は自走式埋設機および自走式海底ケーブル探索システムＭＡＲＣＡＳにより後埋設することとなった。さらに、日中両国沿岸部の残り約二二五キロには、既設ケーブルが利用された。

ところが、この会議の終了後、ＫＤＤ一行は北京で郵電部を表敬訪問したあと、突然中国側から、外貨事情の悪化を理由にＫＤＤからの借款または支払延期に応じてほしいとの要望が伝えられた。北京では一九八六年度の予算編成の作成途中に、外貨不足が発覚したようだが、北京のこうしたいきさつについて上海市郵電管理局の代表者たちにも知らされていなかった。とはいえ、ＫＤＤが中国側に財政的に協力あるいは支援することは困難であり、その点について中国側に理解を求めた[43]。ＫＤＤにとってはまったく寝耳に水といった事態であり、その後の財政措置がどのように処理されたかについては、いまだはっきりしたことはわからない。

一九八六年三月に開かれた第七回日中間海底ケーブル復旧に関する専門家会議では、復旧工事の詳細な手順が話し合われた。工事期間は四月下旬から五月上旬とすること、上海側は郵電一号にＫＤＤ社員二名が立合乗船して沿岸部Ｒ-８地点までの布設工事に協力することになった。

日本までの布設工事については、ＫＤＤ丸がＲ-８地点から東側に向けて三回に分けて施工する予定だった。[44]新ルートの工事では、とりわけ次のように復旧ケーブルの安全性が重視された。[45]
(1)二〇〇m以浅のケーブルおよび中継器は、ケーブルを継足し、工事点を含め、すべて埋設する。旧ルートは平均約七〇cmの深度であったのに対し、新ルートでは第一回工事区間は約一四〇cm、第二回・第三回は約一〇〇cmの埋設深度を確保する。
(2)漁具が貫入しにくく、貫入しても最も危険な「移動（走錨など）」を少なくするために、新ルートは旧ルートより海底土質の硬い場所を選定している。
(3)漁業活動によるケーブル障害を避けるため、袋待網漁の操業区域を外してルートどりしている。
(4)水深五〇〇m以浅に布設、埋設するケーブルは、外装ケーブルを使用して外力からの抵抗力を強化している。

KDD丸による第一回布設工事は五月二一日に始まった。布設工事の最中、約五五キロ地点で底質がきわめて硬い場所があって埋設機の一部が損傷するなどの事故が起こったり、一〇五キロと一一〇キロ地点では埋設機が横転したり、埋設機が海没したりするなどのトラブルが起こったりして、工事が遅延してしまった。さらに、台風接近による気象悪化にも遭遇した。そこで埋設機深度を浅めに変更し、ようやくケーブル一九七・六キロ、中継器一五台、等化器一台を布設・埋設の工事が完了した。

ただし埋設深度が十分でなかったことは、中国側も了解していた。二〇一二年五月五日に上海・虹橋迎賓館でおこなった元上海市郵電管理局OBとの座談会では、元郵電一号の行政責任者である蔡海《さいかい》民《みん》から、KDDの新しい埋設法はなお問題があったと認識していたことが確認できた(46)。

今申し上げたように埋設機は一mを埋設させるべきであったのですが、実際にはそれほどではなかったのです。よくて八〇cmで、ある部分はケーブルが埋設されないまま海底にさらされていました。一回めの工事では、底質が固いところに遭遇したので、私とKDD丸は一緒に海上にとどまったまま二五日間工事をおこないました。台風がやってきたとき、ある晩工事をして、ひと晩船を走らせたのです。ところが、次の日にみると、まだ元の位置から動いていませんでした。ケーブルの埋設作業はここで空回転していたのです。ですので、地質はとても大事な問題なのです。

とはいえ、工事が開始されていたため、いまさらながら工事を中止して埋設機を改造することなどできなかった。つづく七月下旬からの第二回工事では、約二五五キロの区間でケーブル、中継器一九台、等化器一台が布設・埋設された。ここでも海底の土質は依然硬く、目標埋設深度に至らない区間も多かった。

八月末からおこなわれた第三回工事は、水深二〇〇メートルの大陸棚縁部までの約五六キロでおこなわれ、中継器四台を布設・埋設後、残り約二六三キロ、中継器二〇台、等化器二台の布設をおこなった。工事中に長崎港や横浜港に一時帰港することも二度あった。さらに、第二回、第三回の工事のときに台風

表3　MARCASによる海底ケーブルの後埋設

第1地点（郵電台1号布設最終地点）	6月9日当該地点に到着．中国側警戒船滬救10号に長期警備について謝意を表示．MARCASによるケーブル探査，軟弱な海底，長さ約210mにわたり一様に30cm以上自然埋設，自走式海底ケーブル布設機の使用は不可．
第2地点	開始点から105kmの場所は，1回目の埋設機横転事故が発生した地点では，自走式海底ケーブル布設機で深度約1m以上埋設．
第3地点	第2地点から5.5kmほど離れた場所の非埋設ケーブル長は約185m，自走式海底ケーブル布設機により平均深度1.2m程度を埋設．
第4地点	埋設機が海没した地点の底質は粘土質で硬く，MARCASと自走式海底ケーブル布設機により，非埋設ケーブル長は約185m，埋設深度1m以上．
第5地点	KDD丸による第2回布設開始地点だった第5地点では，途中3日間の荒天待機があったものの，露出区間204m，深度1.3m以上を埋設した．KDD丸による第3回布設開始地点となった．
第6地点	MARCASによる布設状況の調査と仮埋設，自走式海底ケーブル布設機により露出ケーブルを185m布設，平均埋設深度は1m程度．

（出典）小林・石原他，1987，31〜32頁．

や低気圧などの悪天候が重なったため、工事終了予定から大幅に遅れた。埋設区域では、海底の土質が予測したより硬い場所が多く、海域によっては埋設深度が目標値を達成できなかったところもあった。

工事と並行して、六月から九月まで、悪天候のせいもあり三ヵ月もかけて後埋設工事がおこなわれた。小林見吉、石原英雄らの報告書によれば、MARCASでは、表3の六つの地点で計一キロ長の布設がおこなわれたと記録されている。

一九八六年九月一三日深夜、ケーブルの最終投入をおこない海洋部の工事を終えて[47]ケーブルの最終接続作業が完了した。その後、海底ケーブルシステムの安定化確認試験に着手し、一〇月一九日にすべての作業が終了した。

その後、一〇月二四日まで両陸揚局において取得したデータの評価をおこない、その結果が当初の目標規格を満足するものであることが確認された(48)。

復旧した日中間海底ケーブルは、もとのケーブル開通の一〇周年記念日である一九八六年一〇月二五日にサービスを再開した。KDDの石川恭久取締役と上海市郵電管理局の呉如森副局長との間で復旧を記念する通話がおこなわれ、つづいて小林好平海底線部長と海纜弁公室張徳忠主任との間で開通を喜びあうメッセージの交換がおこなわれた。しかし、一九七六年一〇月開通のときのようにおおっぴらな祝賀ムードはなかった。両国のマスコミも、これを取り上げることはなかったのである。

ともあれ、その後日中間海底ケーブルは順調に運用され、一九八七年一月末時点で、上海三六回線、北京二四回線、合計六〇回線が収容された(49)。ケーブルの致命的な障害があったことも原因して、最初の開通から一〇年経っても、予測されていた四八〇回線のうち、わずか一二・五%が利用されていたにすぎなかったのである。

六　グローバル通信の時代へ

技術の端境期

一九八一年六月に日中間海底ケーブルの運用が停止されて以降、八六年一〇月に再開通するまで、障害原因を調べ、復旧の方法を模索し、建設工事をおこなうのに五年もの歳月を要した。日中双方とも、この長距離の同軸ケーブルの復旧工事を完成させるためには、それぞれの国内・社内事情を勘案しながら、粘り強く、そして並々ならぬ努力を惜しまなかった。再開通まで、意見交換会四回、復旧に関する専門家会合八回、特別会議三回がそれぞれ開かれ、そのたびに双方の関係者は日中間を往来した。(1)

ただ日中間海底ケーブルが再開通した一九八六年は、海底ケーブルのイノベーションにとって、ひとつの節目の年であった。それは、同軸海底ケーブルというアナログ方式が過去のものとなり、大容量の光デジタルケーブルの商用化試験が大西洋、太平洋で実施され、その実用化に進んでいく、まさに端境期であったからである。

KDD自身は、一九七五年頃から光ファイバーの開発に着手しており、八二年には神奈川県中郡二宮町にあるKDD実験室において、光ケーブルを相模湾に布設する海洋実験に初めて成功している。さらに、八〇年代なかばには、第三太平洋横断ケーブル（TPC－3：八九年開通）、香港―日本―韓国間ケーブル（HJK：九〇年開通）という二つの光ケーブル建設事業を並行して進めていたのである。確かに海底ケーブルの時代は、八〇年代に同軸ケーブルから光ケーブルへとシフトしつつあった。

そうした時期にあえて日中間で同軸海底ケーブルの復旧工事を進めたのは、KDDの運用部が主張したように、光ケーブル通信の信頼性が過渡的な段階であり、日中間の通信を保証するためには、まだ同軸海底ケーブルを残す必要があったからである。また、この海底ケーブルは一般のケーブルの耐久寿命である二〇～二五年間も利用されていなかったために、いわば元が取れていなかったこともある。さらに、上述した石原の指摘のように、日中双方とも日中友好の象徴となる共同事業として心血を注いできたケーブルを簡単に放棄することができないという心情的な問題があったのかもしれない。いずれにせよ、この時代、日中双方とも成長や発展のためにお互いを必要とする認識を共有しており、同軸海底ケーブルはかろうじて残ったのである。

中国側の潜水工事

一九八六年一〇月、ルート変更によって日中間海底ケーブルの運用が再開されたにもかかわらず、じつは中国側では工事が終了したわけではなかった。これは日本側には知られていない事実かもしれない。

当時の海洋の状態などの原因から、さきの工事では中国側のケーブルは十分に埋設されなかったり、海底の地表面に放置されていたりしたところも多かった。修復工事が終了したとはいえ、このままでは再び断線の可能性があるため、一キロほど黄色いブイをつけた二本のラインを引っ張り、海底ケーブルの布設区域への侵入を回避するように注意を喚起した。(2)

上海側では、中国海底電纜《でんらん》建設公司とともに、交通運輸部の上海救助打撈《だろう》局（Resucue and Salvage Bureau）がケーブルの布設・埋設の任務にあたった。直接の作業船は、前年の一九八六年から日中間海底ケーブル工事に参画していた同局が所有する八〇〇トンほどの滬救撈《こきゅうろう》六一号船（滬は上海を示す）が使われた。中国の海洋科学工作者の分析では、一九八七年の五月頃から海洋の温度が異常に上がるエルニーニョ現象が起こることが予測されており、埋設の作業はできるだけ、それまでに終了しなければならなかった。

そうした事情により、ダイバーによる後埋設作業は一九八七年四月一八日から始まった。中国海底電纜公司の郵電一号が見守るなか、滬救撈六一号船は、滬救撈二五号船にひっぱられながら、ゆっくりと上海港を出発した。このときの後埋設作業は、埋設機を使ってケーブルを布設するというものではなかった。つまりダイバーが潜水しながら、埋設のための溝から泥をかき分け、そこにケーブルを布設するという、まさに人海戦術だった。こうした後埋設の方法は、日本でもおこなわれていたことは上述したとおりである。

ところが、悪天候と波浪が影響して作業は遅延し、半月の間まったく成果があがらなかった。五月二日の状況を、陳友仁《ちんゆうじん》政務委員は自らの『工作日誌』のなかで次のように記している。

今日は海に出てから一五日目である。いま海はきわめて厳しい状況にある。大風と大潮にさらされ、室外はまさに雷と雨、六級から七級の東南の風〔大木が揺れ歩行が困難な程度〕、瞬間風速八級〔枝が折れる程度〕、さらにつづけて風が強くなり九級になり…。

それから三日経ってから、ようやく潜水作業が開始された。その日、銭栄図《せんえいじゅう》隊長、張書祥《ちょうしょしょう》、瞿桂生《くけいせい》、李立新《りりつしん》、顧建平《こけんぺい》らダイバーが三つの潜水班に分かれ、それぞれ一時間半ほど作業を続けた結果、四〇〇〇ほどの区間で溝の中にたまった泥を撤去することができた。翌日の六日は四〇〇〇、七日は三〇〇〇の泥を除去して、ようやく東端の海底ケーブルをすべて溝の中に入れ込むことができたので、次に西側のケーブルにかかった。八日はまた大風が吹き始め、船の上でも立っていられない状況だったが、五三五メートルの泥を撤去し、ようやく第一段階の作業を終了することができた。

その後の一週間、強風や激しい水流のために作業を続行できず、一五日から第二段階の作業が始まったものの、水流の測定もままならないほど水中の状況は悪化していた。一八日には、いちおうすべての潜水作業が完了したものとして、滬救撈六一号船は上海港に戻った。いまとなっては、ダイバーによるこの作業の効果を検証するすべはない。

残務処理会議

日中間海底ケーブルが復旧してから、およそ九ヵ月後、一九八七年七月一二日の早朝に、上海から約三〇〇キロの地点で復旧後はじめて障害が起こった。そのため、このケーブルによる電話八二回線、テレックス五回線、専用回線一回線による通信が再び中断した。ただ、日中両国間の約六割の回線は太平洋上のインテルサット衛星通信を経由していたため、とくに大きな影響は起こらなかったようである。[3] とはいえ、海底ケーブルの安全性については依然不安材料が残った。

その年の一二月、復旧したケーブルの運用報告と、保守工事の残務処理をするため、東京で第六回特別会議が開催された。上海からは市郵電管理局の副局長呉如森《ごじょしん》、海纜弁公室主任の張徳忠《ちょうとくちゅう》、同副総会計師の龔志望《きょうしぼう》、電信処工程師の汪義舟《おうぎしゅう》、施工科長の呉春奎《ごしゅんけい》が参加したほか、上海市長途電信局副局長の庄表康《しょうひょうこう》、南匯《ナンフイ》陸揚局副主任の金恵民《きんけいみん》、通訳の何恬《かてん》、北京からは会議の状況を監督するために郵電部電信総局有線処副処長の張広玉《ちょうこうぎょく》が出席した。中国側関係者全員が派遣されたという趣きだった。日本側は、KDDの小林好平取締役、山村和臣次長、石原英雄調査役らが出席したのではないかと思われる。[4] ただ実際の会議内容ははっきりしない。おそらく、工事費や保守契約をめぐるやり取りが交わされたことは推測できる。

さらに、公式の記録には載っていない会議が少なくとも一回は開催されていた可能性もある。当時調査役であった石原英雄の記憶によると、中国側に対して保守工事にかかった費用の最終支払いを促すために再度上海に赴いたというのである。このときの協議は難航し、中国側は支払いについては了承したものの、保証制度を提案してきた。このことについて、石原は、以下のように述べている(5)。

KDD丸が行って修理したときのお金っていうのはね、普通折半で出すべきものなのですけど、〔中国側からすれば〕どうしてもね、KDDの埋設技術でやったじゃないかと。埋設が不十分だったから、修復のリルートが終ったあと、保証期間を定めたいということになってきたのです。KDDさんの技術でやっていただいたのは非常にありがたいのだけど、たとえば五年間ね、障害が発生したら、その間の経費はすべてKDDのほうでもっていただけませんか、と。これは、もう折半の考え方じゃないですよね。そういうことは事実あったのですよ。

当時の中国で実施されていた計画経済による会計制度では、中国側の担当者も、KDDとの交渉に苦心していたことは十分に考えられる。石原自身も、そのことはよく理解していた。

実際問題として、中国側は予算制度でやっているものですから、保守というものにお金が出ないのですよ。これが大きな問題です。すなわち保守というものに対しての考え方が、たぶん希薄だったのだと思うのですよ。(中略)ですから、それも説得しなければならないのですね。やっぱり、保守費もちゃんと予算として取ってください。

石原は、中国側を何度も説得したと述べている。このように、上海で開催された協議では、日中両国の会計制度の違いなどの原因から難航したが、最終的には中国側は支払いに応じたという。ただ、石原が言及しているように、中国側に対しては五年保証が確約されたようである。

一応五年間という保証期間で〔契約しました〕。幸い、やはりこの工事の技術力がものをいって、その間では起こらなかったのだと思いますよね。それだから、五年でいいかというふうに。その六年目に起きたかどうか、ちょっともう記憶にないのですけどね。五年はもったのですよ。

このとき、中国側は、再建された海底ケーブルに対して提案してきた保証制度がどのように施行されたのか否か、保守工事費として実際どれくらい支払ったのかなど、はっきりしないところも少なくない。

ケーブルの命運

一九八六年一〇月の日中間海底ケーブルの運用が再開されてから一〇年後の九七年一二月三一日、ついに日中間ケーブルの運用は停止されることになった。ただ、日中間海底ケーブルにまつわるこの一〇年間の状況を検証できる資料はきわめて乏しい。一九九〇年に上海の端局は泰興ビルから電信ビルに移され、この年末には三〇八回線が使用されていたとの記録は確認できた(6)。この数字どおりだとすると、このときでもまだ六四％程度の回線しか利用できていなかったことになる。

ＫＤＤの後身のＫＤＤＩが発表した報道資料によれば、運用停止の原因は、次のように簡単に公表されているだけである。[7]

> 同ケーブル〔日中間海底ケーブル〕が回線容量の少ないアナログケーブルであること、一九九三年一二月に運用を開始した日中光海底ケーブル（ＣＪ ＦＯＳＣ：64kbps 換算で七五六〇回線）、一九九六年一二月に運用を開始したアジア太平洋ケーブルネットワーク（ＡＰＣＮ：同六万〇四八〇回線）等により、中国宛ての通信需要を満たす大容量で高品質なデジタルケーブルルートが確保されたことなどにより、運用を停止することとなったものです。

ここにあげられたＣＪ ＦＯＳＣは、一九九三年一二月一五日、日中間で布設された初めての光海底ケーブルである。中国側の陸揚局は同軸ケーブルと同様に上海の南匯県、日本側は宮崎県（宮崎市佐土原町）であり、同軸海底ケーブルとほぼ同じケーブルルートがとられた。使用されたケーブルシステムは、米国のベル研究所が開発したＳＬ方式（Submarine Lightguide System）であった。[8] 日本側の光ケーブルの布設は、一九九三年一月にＫＤＤの子会社のＫマリンとＫＣＳが、陸揚げ工事、保護工事をおこなったほか、ＫＣＳが所有する最新の大型ケーブル布設船ＫＯＬとＫＤＤが開発した潜水ロボットＭＡＲＣＡＳ２５００などを使って、海洋部のケーブル五七四キロと四台の中継器の布設・埋設工事をおこなった。一方、中国側は、郵電部が海洋調査を実施した後、中国海底電纜公司が郵電一号を使って約九〇キロの光ケーブルを布設・埋設工事を実施した。同年八月六日、日中間の光ケーブルは最終接続がおこなわれ、予定より早く工事が完了した。その後システム試験がおこなわれ、一二月一五日にようやく開通した。(9)

一九九〇年代における日中関係は、政治上の名分からの交渉という段階から、経済活動や人的交流を含めた実質的な交流の段階に入ったといえる。そのため、CJ FOSCは活用されたことは間違いないが、再開された日中間の同軸海底ケーブルが通信需要にどのように寄与したのか、それを裏付ける資料には欠けている。ただ、上述した一九九〇年時点で六四%ほどの回線利用しかなかったとすれば、当初の利用見込みが相当に甘かったとしかいいようがない。

運用停止時の状況に関する筆者の調査が難航するなか、二〇一二年六月に旧KDD苓北《れいほく》局に調査にいったときに偶然の出会いがあった。この施設は、一九九九年に苓北町に移管されて、今日では苓北町の郷土資料館として使用されている。この郷土資料館でボランティア活動をおこなっている寺澤一幸から、苓北局の最後の姿について証言を得たのである。(10)寺澤は、一九八六年のケーブル復旧とともに地元採用により苓北局で働きはじめ、九八年に閉鎖するまで同局にかかわっており、日中間海底ケーブルの運用停止に至る状況を現場で知る数少ないひとりである。

寺澤によると、この同軸海底ケーブルは一九九五年一二月一九日にも障害が起こったという。一九八六年にケーブルが復旧した後、二回目の障害ということになる。寺澤の証言を裏打ちする記事が『読売新聞』に掲載されている。この記事では、この日に日中間を結ぶ同軸ケーブルと光ケーブルが両方とも切断し、使用不能になったと報じている。ＫＤＤは、「通信衛星やう回ルートの利用で、国際電話がかかりにくくなるといった影響はない」と説明しているが、実際には衛星通信によるデータ伝送に支障が出る恐れもあったといわれる(11)。

翌一九九六年三月一日から、ＫＤＤの苓北局（中野修所長ほか六名）は、「効率的な事業運営に努めるための合理化の一環」として無人化され、その後の運用は東京のＫＤＤネットワークサービスセンターが監視・制御をおこない、また保守業務はＣＪ ＦＯＳＣの陸揚局である宮崎海底線中継所がおこなうことになった。その結果、組織としての苓北局は廃止されたことになる(12)。その年の秋に復旧後三度目のケーブル障害が起こったため、日中双方による協議がおこなわれ、この同軸ケーブルを廃線にすることが決定されたと寺澤はいう。

無人化を進めた理由としては、一九九三年一二月一五日にＣＪ ＦＯＳＣの運用が始まり、同軸海底ケーブルの有用性が相対的に低下したことはもちろんだが、日本経済のバブル崩壊も無人自動化による運用を後押しすることになった。一九九九年ごろからＫＤＤ本社でもリストラ方針が決定し、地方にも及んできたことが無人化を促す一因であっただろう。さらに寺澤の言によれば、ＣＪ ＦＯＳＣが開通してからも、日中間同軸海底ケーブルは、光ケーブルのバックアップとしての機能を保ちつつ、四八〇回線いっぱいまで電話回線やテレックス回線として利用されたというが、そのことを明らかにする資料は見当たらない。

大容量・広域・高速の光ケーブルの普及へ

日中間の同軸海底ケーブルは、回線容量の少ないアナログ方式であるがゆえに、複数の光ケーブルが開通した以上、維持運用するための経費をかける必然性が見いだせず、一九九〇年代後半にはお荷物的な装置になってしまった。ただ、一九七六年の開通から二〇年あまりが経っており、ほぼケーブルの寿命を達成したといえる。実際、日中間海底ケーブルは一九九六年末に運用停止に至ったが、表1「日本をとりまく同軸海底ケーブル」によれば、一九九〇年代前半にはTPC-1、JASC、TPC-2の運用停止が決まり、一九九七年に沖縄—ルソン—香港間のOLUHO、沖縄—台湾間のOKITAI、浜田市（島根県）—釜山間のJKC、具志頭（沖縄）—二宮（神奈川）を結ぶ沖縄ケーブルも続けて運用がストップしたのである。それら同軸海底ケーブルの多くは、耐久年数の二〇年を過ぎていた。

一九九七年一一月二二日には伝送容量5 GbpsのFLAGケーブル（中国、韓国、香港、タイ、マレーシア、インド、アラブ首長国連邦、ヨルダン、エジプト、イタリア、スペイン、英国を結ぶ）が開通したこともあって、[13] 中国向けの通信需要を満たす大容量で高品質なデジタルケーブルルートが確保された。結局、その一ヵ月後の一二月三一日に、日中間海底ケーブルは完全に運用を停止した。[14] 同軸海底ケーブルとしてはもっとも遅くに廃線となったわけである。そして翌年の秋に苓北局も閉鎖された。

廃線後の一九九九年六月、旧苓北局の敷地および建物は、地元の苓北町に委譲されることになった。そして、苓北町では、城跡に設置されていた郷土資料館が火災で使用できなくなったため、二〇〇一年四月に苓北局の建物が新しく苓北町郷土資料館として利用されることになった。(15)

なお、この郷土資料館の一角は東京大学地震研究所が無人化・自動化の苓北観測点として、いまも海底における地震波や地磁気などの観測を進めている。日本側のケーブルも、一九九八年に同研究所に移管されて、ほかの同軸ケーブルと同様に、学術利用に供されている。(16)一方、筆者が調査に赴いた南匯局は、一九九三年からCJ FOSC、九七年からFLAGケーブルの陸揚局として利用され、いまも中国聯合通信（China Unicom）の中継所として機能しつづけている。ただ中国側で回収したケーブル自体は、破棄されたか、軍が同軸内部の銅のみを廃品回収業者に売り払ったか、はっきりしないという。(17)

このころの状況について、元郵電部基建局で指揮をとっていた趙永源《ちようえいげん》も、筆者に次のように語っている。

それ〔同軸ケーブル〕は容量的にすでに限界であったと聞いている。この海底ケーブルが利用できるのはそれほど大きなものではなく、すでに光ケーブルがそれに代替しているため、この海底ケーブルを廃棄することが決定されたのです。そうでなければ修復の経費がかかりすぎます。修理するだけ無駄であり不要になったということです。

日中双方の説明は一致しており、新しい技術として多国間を高速かつ大容量でつなげる光ケーブルが登場したことが、同軸ケーブルの命運を決定づけたのである。日本、中国とも、一九九〇年代に大容量で広域対応の光ケーブルによるグローバル通信の時代を迎えたのである。

エピローグ——日本の技術的成果と中国の政治的意義

太平洋戦争の終結前後に情報の孤島となった日本は、一九六〇年代に衛星や同軸海底ケーブル（TPC-1、JASC、TPC-2）など広帯域で高速の通信を導入することで、米国、ソ連、ヨーロッパなどの先進国との通信が大幅に改善された。KDDとしては、こうしたグローバル志向な通信ネットワークの構築という企業戦略に基づき、つぎには東南アジアをはじめとした近隣アジア諸国との関係強化をもくろんでいた。一九七〇年代、田中角栄の首相就任とともに降って湧いたような日中国交正常化という不測の事態に対しても、KDDは社をあげて機敏に対応して、それまでも懸案であった日中間通信の全面的な改善に挑んだのである。

KDDの志向性は、三一頁で紹介したKDDの志村静一の発言のほか、その通信網を紹介した『読売新聞』の次の新聞記事からもうかがえる。(1)

日中海底ケーブルは、五〇年一一月完成予定の日米間第二太平洋ケーブル（日本—グアム—ハワイ—米本土間八四五回線）に接続することも可能。さらにKDDが現在構想中の東南アジアケーブル（日本—マニラ—バンコク—シンガポール—ジャカルタ間）に結ぶことも考えられる。こうなると、日本を中心とした各国との通信ネットワークができ上がることになる。

TPC—1布設以降、東南アジア向け通信の整備を射程に入れたグローバルネットワーク構築計画において、志村たちが抱いていた沖縄拠点構想は、中国との間で海底ケーブルを布設するというプランがあまりに突然に浮上したことで、いったんは頓挫した形になった。日中間交渉と日本国内の政治要因などにより、日中間海底ケーブルの陸揚地が、沖縄ではなく、当初の予定候補地にもなかった熊本県天草郡苓北《れいほく》町に決まったからである。しかし、KDDは沖縄拠点構想を放棄することなく、グアムと連続するTPC—2に加えて、一九七七年に東南アジア向け通信として開通したOLUHOケーブル（沖縄—ルソン—香港）、七九年に開通したOKITAIケーブル（沖縄—台湾）、そして八四年開通の沖縄ケーブル（沖縄—日本本土）などでもって、沖縄を拠点とするグローバルネットワーク構想を実現させようとした。むろん、この構想の背後には、米国の存在を抜きには語れまい。

このうち、日中間海底ケーブルの建設およびその運用は、本文でみてきたとおり、当初予想していたほど容易なものではなかった。自前でCS—5Mというケーブルシステムを開発したKDDは、中継器、等化器、端末施設を製造する日本電気や富士通、ケーブルを製造するOCC、ケーブルの布設作業に携わるKCS、商船三井、早川運輸など、いわばオール・ニッポン体制で挑み、世界的にみても先行例がない長距離の大陸棚をもつ東シナ海で、いちおうは同軸海底ケーブルの布設・埋設に成功したといえる。このことは、戦後ようやく欧米企業に比肩しうるだけの国産の技術力を持ちえたという実感につながり、その自信こそが一九七〇年代以降ケーブルビジネスを海外展開させる動機になったのである。通信技術が同軸海底ケーブルから光海底ケーブルへと転換するなかで、KDDグループによる国際ケーブルビジネスは、KDDIにも継承されることになる。

一方、一九七〇年代前半の中国では、文化大革命がつづく複雑な政治情勢のなかで、KDDという日本企業を相手に海底ケーブル建設事業を進めることは、相当に挑戦的な試みだったと思える。しかし、日中共同声明の発布によって、日本との間で「戦後」を迎える決断を下した中国にとって、通信を含めた近代化政策へと舵取りをするうえで、とりあえず日本との関係構築は不可欠なものであると認識された。そうしたなかで、この海底ケーブルをめぐる日中共同事業は、毛沢東《もうたくとう》や周恩来《しゅうおんらい》の批准を得た国家重点建設プロジェクトとして位置づけられ、文化大革命のような政治運動の影響から回避できるだけの環境が確保された。この点は、北京のホテルでインタビューに答えてくれた元郵電部基本建設司長の趙永源《ちょうえいげん》も、次のように語っている。

四人組や文化大革命が私になんら影響ももたらすことはありませんでした。当時、私だけでなく、この建設事業に参加した人はみんな巻き込まれることはなかったのです。あのときの事業内容はすばらしく、文化大革命とはまったく違っておりました。一九七二年には、私たちは乱世が秩序を取り戻すような感覚を持ち始めておりました。あのとき林彪《りんぴょう》はすでに亡くなっておりましたし、健在であった江青《こうせい》は一定の影響力を持ち続けていましたが、私たちの事業に対しては実際なんの邪魔もすることはありませんでした。

つづけて、趙永源は、日中海底ケーブル建設事業で中国が得たものは大きかったことを再確認するかのように、日中関係の改善に役立ったことに言及し、次のようにも語った。

総じていえば、〔中国にとって〕初めての海底ケーブル建設は、技術上一定の成果をあげることができましたが、それ以上に政治的意義はいっそう大きかったと思っています。私たちは、この海底ケーブルの建設を短期間のうちに完成させ、中日国交回復後の通信ネットワークを強化させる必要がありました。確かに、開発から始まり、設備の生産に長い時間を要しましたが、建設じたいはわずか一年ほどでこれを成し遂げることができました。当時、日本のKDDや郵政省はとても積極的に多くの作業をおこなってくれたため、合作事業がスムーズにいったのです。しかも、その後も、KDDと上海との間に非常にいい関係ができましたし、KDDの社長たちと私たちもずっと連絡をとりあっていました。

実際、一九九一年二月五日にはKDDと中国郵電部との人的交流を中心とした国際電気通信分野での交流に関する覚書が締結されるなどしている(2)。

ただし、折があれば日中友好という眩惑的な言説を標榜する中国にとって、この日中間海底ケーブルだけが海外と連結する唯一の国際海底ケーブルであったというリアリティも看過してはならない。

なぜならば、この海底ケーブルでは以遠権が保証されたため、中国政府は日本を窓口として、米国、オーストラリア、香港、フィリピン、タイ、シンガポール、インドネシアといった西側諸国のみならず、北朝鮮や北ベトナムといった東側諸国を含めた、世界のネットワークにつながることを期待する構想へと発展させていったからである。

文化大革命の最中ではあったにせよ、中国は日本との共同事業という実践を通じて蓄積した経験や叡智（まさに毛沢東がいう「建成学会（建設しながら学びとる）」）を通じて成果をあげたのである。この達成感が、この事業に従事した人びとの心に今も刻まれている。その成果により、郵電一号の建造だけではなく、国家海洋局あるいは海軍に対してはもちろん、中国の沿海部における公共通信を改善するうえで大いなる力を発揮できたからにほかならない。

日中国交正常化直後に建設が進められたにもかかわらず、日中間海底ケーブルの共同建設事業は、本文で述べたように、日中双方の忍耐と歩み寄りにより、幾多の問題を克服しながら進捗をとげた。ところが、両者にとって不測の事態が到来した。すなわち、一九七〇年代に起きたオイルショックがそれである。この影響で、東アジア海域の漁労形態が変化し、ひいては多大な労力と資金を投入して布設・埋設した海底ケーブルが、予想を上回るかたちで被害をこうむったのである。その結果、八〇年代前半期には、この海底ケーブルを使った日中間通信が完全に停止してしまい、通信需要に応じることがかなわず、日中双方にとっては大打撃となった。

結果論的にはなるが、一九八〇年代前半にこの海底ケーブルが運用停止になったことで、中国は、国際社会とのネットワーク形成については、日本をハブにせずとも、米国なり英国なりと直接通信を模索することで可能になると考えるに至ったのかもしれない。光ケーブルの登場がその判断を後押ししたように思う。実際、中国は、一九九九年一二月にSEA-ME-WE3（二四万一九二〇回線）、二〇〇〇年一月にChina-U.S.ケーブルネットワーク（九六万七六八〇回線）の運用を開始して、世界のネットワークと多様なつながりを確保し、グローバルな国際戦略の構築とその実施に大いに役立てることになったのである。

こうして、日中間で初めての国際ケーブルビジネスを共同実施することで、日中双方とも有益で建設的な経験を成し遂げることができた。しかし、同時に、日中友好を示す事業として着手されたにもかかわらず、将来日中双方で解決すべき課題となる案件を浮上させることにもなった。たとえば、経済体制や商慣習の違い、会計や関税など制度上の相違、特許権や技術移転に対する理念のずれなど、いわば実務的なビジネス行為からくる諸問題はいうにおよばず、韓国や台湾も交えて管轄海域（のちには排他的経済水域を含む）、漁業権・海洋資源、そして大陸棚をめぐる政治的問題までもが、この事業を通じて将来解決すべき懸案事項として浮上したのである。この課題は、グローバル時代を迎えた日中両国の肩にずしりと食い込んでいる。

注

プロローグ——日中間通信の幕開け

（1）二〇〇七年九月二六日放送のＮＨＫ総合番組「その時歴史が動いた―日中国交正常化」。

（2）本書が取り上げる同軸ケーブルとは、テレビ受像機とアンテナとをつなぐ給電線用のコードを思い浮かべるとわかりやすかろう。同軸海底ケーブルは、一九五六年にスコットランドとニューファンドランドの間に布設された大西洋横断電話ケーブル（ＴＡＴ-１）として初めて実用化されて、その後、世界各地で電信、電話、ファクシミリ、テレビ放送の通信に使われるようになった。

（3）国際電信電話株式会社は、一九五三年国際電信電話会社法（ＫＤＤ法）に基づいて、日本電信電話公社から分離独立した郵政省管轄の特殊会社。その性格上、衆参両議院の逓信委員会で、事業の計画および報告をする義務を負い、また日常的な活動も郵政省に逐次報告をおこなう必要があった。一九七六年四月一日に会社略称をＫＤＤに統一する。一九九八年にＫＤＤ法が廃止された後、日本高速通信株式会社（テレウェイ）と合併して、ケイディディ株式会社が成立。同社は二〇〇〇年一〇月に第二電電株式会社、日本移動通信株式会社と合併して株式会社ＫＤＤＩとなった。

（4）吉田和男・矢口勲「計画設計」、『国際通信の研究』九二（日中間海底ケーブルの建設特集）、一九七七年四月、一三頁。

（5）一九六九年一二月、上海市郵電管理局は、上海市郵政局と上海市電信局に分割され、前者は交通部と上海市革命委員会、後者は中国人民解放軍上海警備区と上海市革命委員会に組み込まれた。一九七三年一二月、郵電部が復活すると、上海市郵政局と上海市電信局は合併し、上海市郵電管理局革命委員会に改組された。そして、一九七八年三月に革命委員会の名称が削除されて、上海市郵電管理局の名称が復活した（『上海市郵電志』第一篇第四章第一節）。

（6）一九七七年四月に刊行された『国際通信の研究』九二（日中間海底ケーブルの建設特集）は、この共同事業の企画発足から布設工事完了までの、とくに技術的側面を中心とした包括的な報告書である。ただ当然ながら一九八〇年以降のケーブル障害についての記載はない。

（7）小林見吉「あとがき」、前掲『国際通信の研究』九二、一四八頁。

（8）たとえば、石井明他編『記録と考証―日中国交正常化・日中平和友好条約締結交渉―』（岩波書店、二〇〇三年）、李恩民『「日中平和友好条約」交渉の政治過程』（御茶の水書房、二〇〇五年）、井上正也『日中国交正常化の政治史』（名古屋大学出版会、二〇一〇年）などを参照。

（9）これら政府間の実務協定については、小倉和夫『記録と考証―日中実務協定交渉―』（岩波書店、二〇一〇年）が参考になる。

（10）上海市档案館が所蔵する上海市郵電管理局に関する文書のうち、一般公開されているのは一九六〇年代までである（二〇一二年五月時点の確認）。それゆえ、本書が取り上げる日中共同建設事業についての文書は見当たらない。また、原文書が所蔵されていると思われる中国電信股份有限公司上海分公司電信档案館は対外開放されていない。

（11）一九七〇年代の日中双方にとっては、領海の幅員の考え方が異なっていたことは、日中間海底ケーブル建設事業にも影響を与えた。中国では、一九五八年九月発表の「領海に関する声明」により、基線から一二カイリ（約二二キロ）以内の水域は中国の領海であるという直線基線法で考えており（『人民日報』一九五八年九月五日）、当時領海は中国海軍傘下にあった国家海洋局の管理下にあった。一方、日本では、一八七〇年の太政官布告によって領海の幅員を三カイリ（約五・五キロ）と通知して以降、日中間海底ケーブルが布設された翌年、すなわち一九七七年五月に施行となった「領海及び接続水域に関する法律」で一二カイリとすることが決まるまでの約一〇〇年間、領海の幅員は三カイリであるとの認識を堅持しつづけていた。しかし、一九八二年に締結された国連海洋法条約によって、基線から二〇〇カイリ（約三七〇

(㌔)を排他的経済水域(EEZ)とする条項が盛り込まれた後も、日中間の境界には法理上の合意は得られていない(毛利亜樹「法による権力政治―現代海洋法秩序の展開と中国―」日本国際問題研究所平成二三年度『中国外交の問題領域別分析研究会報告書』二〇一一年を参照のこと)。

(12) 二〇一二年五月五日、上海・虹橋迎賓館において、元上海市郵電管理局関係者との座談会を開催した。出席者は、筆者のほか、張徳忠(元上海郵電管理局電信処長・中日海底電纜建設弁公室主任)、王渭漁(中日海底電纜建設弁公室総工程師)、汪義舟(張徳忠の部下、記録担当)、蔡海民(元郵電一号行政責任者、現・中英海底系統有限公司副総裁)、王建平(元南匯陸揚局設備工作人員、現・中国電信上海公司網絡運行部高級業務経理)である。座談会では、当時も日中間海底ケーブルの所有権の区分問題と両国間の境界との認識上の差異については存在していたことが確認できた。しかしながら、蔡海民は、「私たちは、そうした政治上の矛盾には立ち入らないようにしていた」と述べている。

(13) 二〇一二年八月三一日、北京・長富宮飯店でおこなった元郵電部基本建設司の趙永源司長へのインタビューによる。元郵電一号の行政責任者である蔡海民も同席した。

(14) ①「軍事警戒区域」は、北緯三九度四六分四八秒・東経一二四度一〇分の点、北緯三七度二〇分・東経一二三度三分の点を連ねて生ずる線以西であり、ここは日本漁船の立ち入り禁止区域。②「軍事航行禁止区域」は、北緯三一度・東経一二二度の点、北緯三〇度五五分・東経一二三度の点、北緯三〇度・東経一二三度の点、北緯二九度三〇分・東経一二二度三〇分、北緯二九度三〇分・東経一二二度の五つの点を連ねて生ずる線に囲まれた海域で、日本の漁船の立ち入り禁止区域。③「軍事作戦区域」は、北緯二九度以南、台湾周辺を含む中国大陸沿岸以東の海域で、漁船の航行は自己責任による海域、とされた(浦野起央『日本の国境[分析・資料・文献]』三和書籍、二〇一三年、三八四頁)。

一　「終戦」の合意から日中初の共同事業へ

（1）たとえば、花岡薫『海底電線と太平洋の百年』日東出版社、一九六八年を参照。

（2）日本側は、これを長崎—香港間および長崎—台湾間の軍用逓信線に接続替えをおこなったが（日本電信電話公社海底線施設事務所編『海底線百年の歩み』電気通信協会、一九七一年、六三七頁）、一般公衆線としては利用されなかった。

（3）貴志俊彦「日中通信問題の一断面—青島佐世保海底電線交渉をめぐる多国間交渉—」『東洋学報』八三—四、二〇〇二年、同「長崎上海間『帝国線』をめぐる多国間交渉と企業特許権の意義」『国際政治』一四六、二〇〇六年、同「植民地初期の日本—台湾間における海底電信線の買収・布設・所有権の移転」『東洋史研究』七〇—二、二〇一一年のほか、ＫＤＤ社史編纂委員会編『ＫＤＤ社史／資料編』ＫＤＤＩクリエイティブ、二〇〇一年、九三〜九四頁を参照。

（4）ケーブルの所有者と利用者の双方の合意がない限り、一方から契約を破棄することができないという回線使用をめぐる貸借契約のこと。

（5）テレタイプ端末を無線で接続したラジオテレタイプに変更されたのは中華人民共和国の成立後の一九五四年一二月のことである。

（6）東南アジアへの海底ケーブル布設のために、一九七一年八月、日本電信電話公社とＫＤＤとの間で、海底同軸ケーブル中継方式開発に関する相互協力協定が締結されるとともに、海底同軸ケーブル中継方式合同委員会が設置され、近海への同軸ケーブルの布設という点では、郵政省を含めて、この年は転換期であった。

（7）『読売新聞』朝刊、一九七一年一〇月一一日。

（8）『国際電信電話株式会社二十五年史』国際電信電話株式会社、一九七九年、二六八頁。

（9）『通信白書　昭和五二年版』http://www.soumu.go.jp/johotsusintokei/whitepaper/ja/s52/html/s52a02080104.

html〔recent2014.7.21〕
（10）金井恵美「電気通信を通じて見た米・中接近」『国際電信電話』二〇―五、一九七二年、二七～二八頁。
（11）『朝日新聞』東京朝刊、一九七四年二月二一日。
（12）参議院逓信委員会での日本社会党鈴木強委員の質問に対するＫＤＤ菅野義丸の答弁（第六八回国会・参議院『逓信委員会会議録』九、一九七二年四月一三日、二一頁）。
（13）郵政省・国際電信電話株式会社編『衛星通信年報　昭和四七年度』国際電信電話株式会社、一九七四年三月、一七二、一八九～一九〇頁。
（14）田畑光永「一九七二年九月二五日―二八日の北京」（石井他、前掲『記録と考証―日中国交正常化・日中平和友好条約締結交渉―』、二三六頁）。
（15）菅野義丸。大分県出身の政治家、企業家。東京大学卒業後、鉄道省、運輸省を経て、第三次・第四次吉田茂内閣の内閣官房副長官に就任。退官後、開発銀行、日本国内航空、アラビア石油、万国博覧会協会などの重職を経験し、一九七一年五月から七五年五月までＫＤＤ社長（『読売新聞』朝刊、一九七一年一〇月一三日）。
（16）前掲『衛星通信年報　昭和四七年度』、一九〇頁。
（17）春原昭彦「日中国交回復の取材」『新聞研究』六八二、二〇〇八年五月。
（18）「ＫＤＤ菅野社長に聞く　世紀のドラマをテレビでお伝えするために」『国際電信電話』二〇―一〇、一九七二年、三頁。
（19）前掲『国際電信電話株式会社二十五年史』、一七六頁。
（20）前掲『衛星通信年報　昭和四七年度』、一九〇頁。
（21）同上、一八頁。
（22）『読売新聞』朝刊、一九七二年九月三日。

(23)前掲『衛星通信年報　昭和四七年度』、一七二頁。
(24)「一九七二年日本首相田中角栄訪華通信」『上海郵電志』上海社会科学院出版社、一九九九年、八一八頁。
(25)前掲『衛星通信年報　昭和四七年度』、一九〇～一九一頁。
(26)『人民日報』一九七二年九月二九日。中国入りした日本側報道陣の内訳は、通信社（共同通信五名、時事通信社五名）、新聞社（朝日・毎日・読売・日経・サンケイ・中日各五名、西日本・北海道・中国・日刊工業・東京タイムズ・夕刊フジ・新潟・京都・神戸・四国新聞社各一名）、放送関係（NHK・TBS・NET各五名、NTB・フジテレビ各四名、文化放送二名、ニッポン放送・毎日放送・朝日放送・西日本放送・東京12チャンネル各一名）であったという（春原、前掲「日中国交回復の取材」）。
(27)田畑、前掲「一九七二年九月二五日―二八日の北京」、二四〇頁。
(28)中島宏「北京で見た日中国交正常化―絶好の政治タイミングで実現―」『中国研究月報』六六（九）、二〇一二年、四頁。
(29)前掲『衛星通信年報　昭和四七年度』、一九一頁。
(30)前掲『KDD社史／資料編』、一四七頁。
(31)前掲『国際電信電話株式会社二十五年史』、一七七頁。
(32)『読売新聞』夕刊、一九七二年一〇月二三日。
(33)前掲『国際電信電話年報　昭和四七年度』、一九頁。
(34)同上、一九頁。
(35)『KCS一〇年のあゆみ』国際ケーブル・シップ株式会社、一九七六年、八三頁。
(36)前掲『KDD社史／資料編』、一四八頁。
(37)金井、前掲「電気通信を通じてみた米・中接近」、二八頁。由川博昭「中国の通信事情―通信幹線の整備拡充す

む―」『国際電信電話』二四―一二、一九七六年、一七頁。

(38) 村井雄「日中海底ケーブル取り決めの意義　日中間に太い意思疎通の絆」『世界週報』一九七三年五月二九日、二八頁。

(39) 九州の陸揚候補地の第一次調査は一九七三年一月二八日から三一日、第二次調査は同年三月四日から一二日まで実施された（水野義明「略年表」、前掲『国際通信の研究』九二、一五二頁）。

(40) 中共中央文献研究室「八十歳的毛沢東在一九七三」『復興網』二〇一四年四月一日、http://www.mzfxw.com/e/action/ShowInfo.php?classid=18&id=6119 [recent2014.7.17.]

(41) 前掲『国際電信電話年報　昭和四七年度』、二〇～二一頁。松田和長「建設計画確立の経過」、前掲『国際通信の研究』九二、六頁。

(42) 郵電部は一九四九年一一月、中国建国後成立したが、文革期の六九年八月に電気通信事業が軍事管制に移行された結果、交通部が管轄する郵政総局と軍事委員会総参謀部通信兵部が管轄する電信総局の二局に分割、一二月に郵電部は正式に廃止された。その後中国政府は、対外業務や国際的な通信事業のたち遅れを認識し、七三年六月にこの二局を統合して郵電部を復活させた（『当代中国的郵電事業』当代中国出版社、一九九三年、一七、六七～七〇頁）。日中間海底ケーブル建設交渉が始まったのは、まさにその過渡期であった。その後、九〇年代には電気通信事業における郵電部独占体制を改め、郵電部傘下にあった電気通信事業の運営部門である電信総局を分離して国営企業とし、九五年に中国郵電電信総局（China Telecom）が成立した。二〇〇〇年には郵電部との合営経営形態を止め、二〇〇二年には北部の一部業務は中国網通に吸収され、残りは中国電信股份有限公司として成立した。

(43) 牧野康夫「日中海底ケーブル建設取極顛末記」『うなばら』一一、一九九四年二月、二～三頁。牧野は、一九六九年四月日本電信電話公社建設局長、一九七四年二月郵政省電気通信監理官などを歴任。

(44) 二〇一二年四月二日付、吉田和男から筆者への私信による。

(45) この合意内容は、参議院逓信委員会で久野忠治郵政大臣が社会党鈴木強委員の質問に対しておこなった答弁による（第七一回国会・参議院『逓信委員会議録』七、一九七三年四月一七日、三頁）。

(46) 志村静一編著『国際海底ケーブル通信』ＫＤＤエンジニアリング・アンド・コンサルティング、一九七九年、二一五～二一六頁。

(47) 衆議院逓信委員会における民社党小沢貞孝委員の発言による（第七一回国会・衆議院『逓信委員会議録』二三、一九七三年六月一四日、八頁）。

(48) 前掲『ＫＣＳ一〇年のあゆみ』、八三頁。ＫＤＤ丸四三〇〇トンは、一九六七年に三菱重工業株式会社が建造。

(49) 宮川岸雄『海底同軸ケーブルを世界に拡めた二五年（東京っ子半生記［海底電線編］）』アクセス日本社、二〇〇二年、一三二頁。

(50) 一章注（44）に同じ。

(51) 同上。

(52) 牧野、前掲「日中海底ケーブル建設取極顛末記」、四頁。

(53) プロローグ注（13）に同じ。

(54) 衆議院逓信委員会における日本社会党森勝治理事の質問に対する久野忠治郵政大臣の答弁による（第七一回国会・参議院『逓信委員会議録』一五、一九七三年七月一二日、五頁）。

(55) 趙永源は、この点についてすでに次の一文でも触れている。趙永源「我国第一条海底電纜和海底電纜建設的回顧」（信息産業部郵電離退休幹部局編『回顧―郵電離退休幹部回顧文集』人民郵電出版社、二〇〇四年、三七〇頁）。

(56)『人民日報』一九七三年五月四日。

(57)『うなばら』一一、一九九四年二月、七～八頁に日中両文の取極（協議）が掲載されている。

(58) 前掲、第七一回国会・参議院『逓信委員会議録』一五、三頁。

(59)《上海電信史》編委会編『上海電信史』二、上海人民出版社、二〇一三年、四九一、五四四〜五四五頁。
(60)村井、前掲「日中海底ケーブル取り決めの意義　日中間に太い意思疎通の絆」、三〇頁。
(61)王渭漁「日中海底ケーブルの揺籃期」『うなばら』六、一九九二年七月、八〜九頁
(62)海纜弁公室に沈鏞熙は参加していない。この点は王渭漁の記憶違いであると私たちに語ってくれた。
(63)二〇一二年五月一〇日、上海・中国海底電纜建設有限公司でおこなった王渭漁へのインタビューによる。
(64)前掲『上海電信史』二、五一七頁。
(65)『国際電信電話年報　昭和四八年度』国際電信電話株式会社、一九七四年、一二三頁。

二　建設前の日中間交渉

(1)王、前掲「日中海底ケーブルの揺籃期」、一〇頁。小関康雄「進む日中海底ケーブルの建設—第一回日中間海底ケーブル建設当事者会議を終えて—」『国際電信電話』二一—八、一九七三年、七頁。
(2)前掲『KCS一〇年のあゆみ』、八七頁。
(3)前掲『国際電信電話年報　昭和四八年度』、二四頁。
(4)吉田和男・矢口勲「システム設計と設計書」、前掲『国際通信の研究』九二、一二頁。
(5)松田和長・吉田和男「建設の経過」、前掲『国際通信の研究』九二、八頁。
(6)『読売新聞』朝刊、一九七六年五月一九日。
(7)「日中海底ケーブル建設工事を支えたこの人—KCS江副取締役にきく—」『KDD誌』四二四、一九七六年、一二〜一三頁。
(8)前掲『KCS一〇年のあゆみ』、八八〜九六頁。
(9)同上。

(10) 前掲『国際電信電話株式会社二十五年史』、三九四頁。
(11) 木下不二夫・北村泰介・釜沢悟「海洋調査と埋設調査」、前掲『国際通信の研究』九二、八五頁。
(12) 永田秀夫『日中間海底ケーブル中国側実施海洋調査立会乗船出張ノート』(一九七三年一〇月二五日)(以下、『永田調査ノート』と略)。
(13)『永田調査ノート』、四～六頁。
(14) 同上、九、一二、二一頁
(15) 同上、一五、二三頁
(16) 前掲『国際電信電話年報　昭和四八年度』、二五頁。
(17) 水野、前掲「略年表」、一五二頁。
(18) 二〇一二年一月二四日、国際ケーブル・シップ(KCS)でおこなった江幡篤士へのインタビューによる。
(19) 永田秀夫『議事録(その一)一九七三―一九七四』KDD海底線調査室、[手稿]、二九頁(以下、『永田議事録(その一)』のように略記)。
(20) 第九〇回国会・参議院『決算委員会会議録』一、一九七九年一一月二八日、二六頁
(21) 安武委員のこの発言は、委員会翌日の二九日に発行された『朝日新聞』東京朝刊でも、「日中ケーブル陸揚げ地決定『園田氏が介在』共産党、参院で追及」と題した記事で取り上げられている。
(22) 熊本県広報誌 http://www.pref.kumamoto.jp/uploaded/life/1069825_1160370_misc.pdf [recent2014.7.20]
(23) 一章注(44)に同じ。
(24)『永田議事録(その一)』、三九頁。
(25)『読売新聞』朝刊、一九七六年五月一九日。
(26) 徳江正「電気的敷設の概要」、前掲『国際通信の研究』九二、一一一頁。

(27) 二〇一二年七月一日、京王プラザホテルにおける元ＫＤＤ海底建設部Ｍ調査役へのインタビューによる。
(28) 前掲『国際電信電話株式会社二十五年史』、三八九頁。
(29) 一章注（44）に同じ。
(30) 同上。
(31) 吉田和男・矢口勲「計画設計」、前掲『国際通信の研究』九二、一四〜一五頁。
(32) この点は、衆議院逓信委員会における民社党小沢貞孝委員の質問に対する、ＫＤＤ木村光臣常務取締役の答弁によって明らかにされた（第七二回国会・衆議院『逓信委員会議録』一五、一九七四年四月二四日、二二頁）。
(33)『永田議事録（その一）』、四三頁。
(34) 同上、四七頁。
(35)『南海建隊 建設篇』「海洋大事記（一九六三―一九九九）」一九七四年二月二五日の項（http://www.cnr.cn/09zt/haiyangchengjiuj/haiya60years/200905/t20090514_505333793.html）[recent2014.7.27]。
(36) 松田和長「取極および協定の概要」、前掲『国際通信の研究』九二、七〜八頁。
(37) 前掲『南海建隊 建設篇』の一九七四年六月三日の項。
(38) 吉田・矢口、前掲「計画設計」、一二〜一三頁。
(39)『国際電信電話年報 昭和四九年度』国際電信電話株式会社、一九七六年、二二頁。
(40) 前掲『国際電信電話年報 昭和四八年度』、二五頁。
(41) 前掲、第七二回国会・衆議院『逓信委員会議録』一五、六頁
(42) 前掲『国際電信電話株式会社二十五年史』、二七〇〜二七一頁。
(43) この数字は、逓信委員会で、公明党藤原房雄委員の質問に対して、ＫＤＤ木村惇一常務取締役の答弁で挙げられた数値である（第八〇回国会・参議院『逓信委員会会議録』九、一九七七年四月二六日、一六頁）。

(44) これらは、参議院決算委員会における日本共産党安武洋子委員、寺島角夫政府委員の発言によって明らかになった費用である。安武は、現地の町役場で取得した資料にもとづき買収費が一五三七万九〇〇〇円、苓北町漁業協同組合の組合長・理事である樋口から漁業補償の金額が五〇〇〇万円であることを確認し、差額一一六二万一〇〇〇円の違いについて糾弾している（第九〇回国会・参議院『決算委員会会議録』一、一九七九年一一月二八日、二七〜二八頁）。

(45) 同上、二六頁。安武委員の質問に対する答弁はまともにおこなわれず、使途不明金問題はうやむやなままとなった。筆者が、二〇一二年六月一六日に天草漁業協同組合の松野重幸、角岡正一に対してインタビューした際、漁業補償は組合に納められておらず、一般漁民は明確な使途について理解していなかったようであるとのことであった。

(46) 前掲、第七二回国会・衆議院『逓信委員会議録』一五、二三頁。ちなみに、国際通信料金の換算は国際電気通信条約第三〇条によって「国際電気通信の料金の構成及び国際計算書の作成に用いる貨幣単位は、量目三一分の一〇グラムであって純分千分の九百である百サンチームの金フランとする」ことが定められている。

(47) このメモランダムは、亀田治がＫＤＤ本社在職期間（一九七四年六月一四日〜一九八四年三月三一日）に記した個人的な記録である。Ａ４サイズの大学ノート八冊に手書きで書かれた原資料の表紙には、「Memorandom」の文字のほか、1から8の通し番号がふられ、各冊の執筆期間が書かれている。このメモランダムは、筆者との共同作業により、『亀田治メモランダム（旧ＫＤＤ同軸海底ケーブル建設事業覚書）』（CIAS Discussion Paper Series, No.29）、京都大学地域研究統合情報センター、二〇一三年三月として刊行された。

(48) 水野、前掲「略年表」、一五二頁。

(49) 志村、前掲「日中間海底ケーブル建設の歩み」、九頁。

(50) 二〇一一年一二月六日にご自宅にて亀田治におこなったインタビューによる。

(51) 『永田議事録（その二）』、四〇頁。

(52) 『亀田メモⅠ』、一九七四年八月七日。

(53)『永田議事録（その二）』、三八、四五、六〇、六二頁。
(54)前掲『国際電信電話年報　昭和四九年度』、二一頁。『上海郵電志』五八八頁には、総事業費は四一五三・八三万元と記されている。当時の価格レートを換算すると六二億八四七四万円程度となるが、これは工事費を含んだ経費であろう。
(55)『亀田メモI』、一九七四年一〇月三、一八日。
(56)朝陽貿易株式会社ホームページ（http://www.asahitrading.com/business）から。
(57)松田・吉田、前掲「建設の経過」、九頁。
(58)『亀田メモI』、一九七五年一月一六～二五、二七～二八日。
(59)吉田和男・大原利親「技術設計」、前掲『国際通信の研究』九二、一七頁。前掲『国際電信電話年報　昭和四九年度』、二二頁。
(60)松田・吉田、前掲「建設の経過」、一〇頁。
(61)『国際電信電話年報　昭和五〇年度』国際電信電話株式会社、一九七六年、二一頁。
(62)苓北の陸揚局建設についての詳細は、松本誠・野本勇・田中賢「陸揚局の建設」、前掲『国際通信の研究』九二、六五～八四頁を参照。
(63)袖山忠三郎・寺島林太郎・篠原肇・山口恒守「連絡線設備」、前掲『国際通信の研究』九二、七五頁。パンフレット『KDD苓北海底線中継所』一九九〇年。
(64)『永田議事録（その一）』、四五頁。
(65)前掲『国際電信電話年報　昭和四八年度』、二四～二五頁。
(66)『永田議事録（その一）』、五八頁。
(67)二〇一二年二月一七日、学士会館で実施した元KDD取締役の石川恭久とKDD丸元船長の吉田実へのインタビューによる。
(68)二〇一二年四月三日付、吉田和男から筆者への私信による。
(69)前掲『上海電信史』二、五二二〜五二三頁。
(70)プロローグ注(13)に同じ。
(71)崔燕「中国〝郵電一号〟布纜船」『中国船検』二〇一〇年一月、七七〜七九頁。
(72)王、前掲「日中海底ケーブルの揺籃期」、一二頁。
(73)『上海船舶工業志』上海社会科学院出版社、一九九九年などを参照。

三　海底ケーブル建設工事

(1)亀田治「まえがき」、前掲『国際通信の研究』九二、四頁。
(2)『日中間海底ケーブル海洋部敷設工事および日本側陸揚工事実施報告書』国際ケーブル・シップ株式会社、一九七六年、一頁、KCS所蔵。
(3)松本誠・猪俣真平・水野義明「中国側敷設工事」、前掲『国際通信の研究』九二、九八頁。
(4)池田忠俊他「日中間海底ケーブル方式」『FUJITSU』二九―二、一九七八年、四三、七三〜七四頁。これは苓北側端局設備についての詳細な記録である。
(5)松本・猪俣・水野、前掲「中国側敷設工事」、一〇〇頁。
(6)海底線建設本部協力「日中海底ケーブル工事日誌」『KDD誌』四二四、一九七六年一二月も一部参照している。
(7)志村、前掲『国際海底ケーブル通信』、三七三頁。
(8)《上海電信史》編委会編『上海電信簡史(一八七一―二〇一〇)』上海人民出版社、二〇一三年、一二七〜一二八頁。

(9) 日本側の布設工事については、おもに前掲『日中間海底ケーブル海洋部敷設工事および日本側陸揚工事実施報告書』、および前掲「日中間海底ケーブル工事日誌」に依拠している。
(10) 永田秀夫、写真アルバム『日中同軸海底ケーブルの敷設工事』一九七六年五月。
(11) 『亀田メモⅡ』、一九七六年五月二二日〜二八日。
(12) 永田秀夫『日中間海底ケーブル敷設工事メモ』、二一〜二二頁（以下、『永田工事メモ』と略）。
(13) 『永田工事メモ』、二七頁。
(14) 同上、三〇頁。
(15) 徳江正・佐藤正紀他、報告書「日中間海底ケーブル海洋部第三次布設時における南匯局の電気的布設作業」一九七六年七月六日。
(16) 本郷馨他「日中海底ケーブルシステム（CS-5Mシステム）」『日本電気技術』一二〇、一九七七年、八四〜八六頁。
(17) 池田他、前掲「日中間海底ケーブル方式」、五八〜七三頁を参照。
(18) 佐藤正紀「海外出張報告」一九七六年七月一四日。
(19) 『亀田メモⅡ』、一九七六年七月一二日、志村静一取締役への報告事項から。
(20) 前掲『日中間海底ケーブル海洋部敷設工事および日本側陸揚工事実施報告書』。
(21) 前掲「日中海底ケーブル建設工事を支えたこの人—KCS江副取締役にきく—」、一二〜一三頁。
(22) 『亀田メモⅡ』、一九七六年九月七日、亀田治海底建設本部技術部長から志村静一取締役への「報告事項（自五一・八・三〇〜九・六）」による。
(23) 松田・吉田、前掲「建設の経緯」、一一頁。海底線同友会編『わが国における海底同軸ケーブル通信技術—国際通信への幕開け—』海底線同友会、二〇〇三年三月、一一四頁。
(24) 前掲『上海電信簡史（一八七一—二〇一〇）』、一二八頁。

(25) この記録映画のプロデューサーは堀谷昭、監督北条美樹、脚本吉原順平、撮影谷英雄といった布陣であった。監督の北条は、東京大学教育学部卒業後、一九六〇年に岩波映画製作所に入社、一九八九年には「原子力発電・仕組みと安全性」という広報用映画を製作している。
(26) 「中日両国開始通過海底電纜通信」『人民日報』一九七六年一〇月二六日。『朝日新聞』東京夕刊、一九七六年一〇月二五日。
(27) 『浦東史志』蘆潮港鎮志第一四章「交通郵電」。
(28) 松田・吉田、前掲「建設の計画と経過」、一一頁。
(29) 前掲『上海電信簡史（一八七一―二〇一〇）』、一二九頁。

四　ケーブルの開通から断線まで

(1) 村井、前掲「日中海底ケーブル取り決めの意義　日中間に太い意思疎通の絆」、二八頁。
(2) 村上康徳・元松和利「日中間海底ケーブルシステム二年間の実績」『国際通信の研究』一〇一、一九七九年七月。
(3) 同上、六三、六六～六七、七二頁。
(4) 二〇〇八年に中国海底電纜建設有限公司（ＣＳＣＣ）は株式化し、中国電信集団公司 China Telecom の子会社になった。
(5) 二〇一二年五月一〇日、中国海底電纜建設公司で総工程師江偉におこなったインタビューによる。
(6) 『亀田メモⅡ』、一九七八年八月七日。
(7) 第八〇回国会・参議院『逓信委員会会議録』九、一九七七年四月二六日、一六頁。
(8) 『亀田メモⅣ』、一九七八年一一月一五、一七日。
(9) 『亀田メモⅤ』、一九七九年二月二六、二七日。

(10)『読売新聞』夕刊、一九八〇年一月二六日。
(11)KDD社史編纂委員会編『KDD社史』KDDIクリエイティブ、二〇〇一年、一八三頁。
(12)『亀田メモV』、一九八〇年一月三一日。
(13)当時の保全部長石川恭久の「海外出張記録（昭和三六年〜平成五年）」による。
(14)『亀田メモV』、一九八〇年三月五、一二、一三日。
(15)「上海市郵電管理局和国際電信電話公司中日海纜第二次維護会議会議紀要」一九八〇年四月一六日（中華人民共和国商務部「全球法律」http://policy.mofcom.gov.cn/PDFView?id=TYRB000031&libcode=gjty）[recent2014.7.19]。
(16)『亀田メモⅥ』、一九八〇年五月二〇日。
(17)同上、一九八〇年九月二四日。
(18)『読売新聞』朝刊、一九八〇年一〇月三日。
(19)『亀田メモⅥ』、一九八〇年九月二九、三〇日。郵政省電気通信政策局による記者会見は一〇月二日に実施された。
(20)二〇一二年二月一一日、元KDD海底線建設本部建設部長の織間政美から筆者宛ての私信による。
(21)「上海市郵電管理局和国際電信電話公司中日海纜第三次特別会議会議紀要」一九八〇年一〇月二一日（中華人民共和国商務部「全球法律」http://policy.mofcom.gov.cn/PDFView?id=TYRB000037&libcode=gjty）[recent2014.7.19]。
(22)第九三回国会・参議院『逓信委員会公聴会会議録』一、一九八〇年一〇月二一日、三〜四頁。
(23)『亀田メモⅥ』、一九八〇年一〇月三〇、三一日、一一月二〜四、六、二六日。
(24)同上、一九八〇年一二月二、四、一七、二七日、一九八一年一月八日。
(25)小林好平・石原英雄他「日中間海底ケーブル復旧工事」『国際通信の研究』一三三、一九八七年七月、二一頁。
(26)袋待網は、鮟鱇（あんこう）網、バッシャ、込瀬（こませ）網漁ともいう。潮流に乗って回遊する魚類を採漁する漁法。大型の錨を海底に固定し、これに接続された網を潮流によって拡張させて（一五〇〜二〇〇メートル）、潮流に乗ってくる魚を捕獲する漁法。一九八一年一月、郵政局長が「アンコー網の表現は、鮟鱇を捕まる《ママ》網との誤解を与えるので、アンコー状とかアンコー形とかの表現にしたらどうか、特に外部報道関係等には、そうすべきであろう」との意見に基づき、この漁法の用語をあんこう網から袋待網に変更した（『亀田メモⅥ』一九八一年一月九日）。

(27) 前掲『わが国における海底同軸ケーブル通信技術—国際通信への幕開け—』、一一五頁。

(28) 小林・石原他、前掲「日中間海底ケーブル復旧工事」、二一一頁。

(29) 小林好平「日中間海底ケーブル復旧のあゆみ」『国際通信に関する諸問題』三三—四、一九八七年、八〇～八一、八五頁。

五　復旧への長い道のり

(1) 小林、前掲「日中間海底ケーブル復旧のあゆみ」、八〇頁。

(2) 四章注(20)に同じ。

(3)『亀田メモⅧ』、一九八二年九月三日。

(4) 片岡千賀之「以西底曳漁業の戦後史Ⅱ」『長崎大学水産学部研究報告』九一、二〇一〇年、四八頁。

(5) 片岡千賀之「戦後のあんこう網漁業の展開」『長崎大学水産学部研究報告』八八、二〇〇七年、一一九頁。

(6) 二〇一二年一月二四日、ＫＣＳでおこなった元ＫＤＤ海底線建設本部技術部の江幡篤士へのインタビューによる。また、当時のＫＤＤでは、韓国漁船による袋待網漁法は北緯三〇度以北という認識をもっていたことには留意すべきである。

(7)『永田議事録（その二）』、五六頁。

(8) 片岡、前掲「以西底曳漁業の戦後史Ⅱ」、三六頁。

(9)『亀田メモⅦ』、一九八一年一二月二二、二三日。

(10)『亀田メモⅥ』、一九八一年六月一六日。
(11)『亀田メモⅦ』、一九八一年一二月三、四日。
(12)同上、一九八一年一〇月二一日。
(13)小林・石原他、前掲「日中間海底ケーブル復旧工事」、二四頁。
(14)『亀田メモⅦ』、一九八二年八月一七日。
(15)同上、一九八二年八月二〇日。
(16)二〇一一年一二月四日、ご自宅で実施した石原英雄へのインタビューで言及されたことである。このときの話では、中国側も廃止論が出ていたそうだが、中国側に実施したインタビューでは確認できていない。
(17)『亀田メモⅦ』、一九八二年八月二三、二四日。
(18)小林、前掲「日中間海底ケーブル復旧のあゆみ」、八〇頁。
(19)『亀田メモⅧ』、一九八二年一〇月二一日。
(20)同上、一九八二年一二月二四日。
(21)同上、一九八三年一月二八日、二月一日。
(22)「紅軍老戦士本会顧問何永忠同志病逝」『新四軍研究』二〇〇八年一二月二四日(http://www.n4a.cn/eastday/xsjyj/2012n4a/node639052/node639063/u1a4066380.html)[recent 2014.7.19.]。
(23)『亀田メモⅧ』、一九八三年三月二九日。
(24)同上、一九八三年三月一、三日。
(25)同上、一九八三年五月一二日。
(26)同上、一九八三年五月二五、三一日、六月二、四日。
(27)小林・石原他、前掲「日中間海底ケーブル復旧工事」、二七頁。

(28)小林、前掲「日中間海底ケーブル復旧のあゆみ」、八一頁
(29)『亀田メモⅧ』、一九八三年一〇月一八、一九日。
(30)『上海郵電志』上海社会科学院出版社、一九九九年、七八三頁。
(31)小林、前掲「日中間海底ケーブル復旧のあゆみ」、八一～八二頁
(32)『中日間海底電纜恢復施工設計書（草案）』上海郵電管理局・国際電信電話股份有限公司、一九八五年、二頁、KCS所蔵。
(33)同上、二、四～五頁および附図一～四。
(34)小林・石原他、前掲「日中間海底ケーブル復旧工事」、二七頁。
(35)小林、前掲「日中間海底ケーブル復旧のあゆみ」、八二頁。
(36)五章注(16)に同じ。
(37)小林、前掲「日中間海底ケーブル復旧のあゆみ」、八二頁。
(38)同上、八二～八三頁。
(39)小林・石原他、前掲「日中間海底ケーブル復旧工事」、二五～二六頁。
(40)同上、二〇、二七、二九頁。
(41)五章注(16)に同じ。
(42)小林・石原他、前掲「日中海底ケーブル復旧工事」、二四頁。
(43)小林、前掲「日中間海底ケーブル復旧のあゆみ」、八四頁。
(44)小林・石原他、前掲「日中海底ケーブル復旧工事」、三〇頁。
(45)同上、三〇～三二頁。
(46)プロローグ注(12)に同じ。

(47)小林・石原他、前掲「日中海底ケーブル復旧工事」、二二、三〇〜三一頁。
(48)同上、二〇、三四頁。
(49)小林、前掲「日中間海底ケーブル復旧のあゆみ」、八六頁。

六　グローバル通信の時代へ

(1)小林・石原他、前掲「日中間海底ケーブル復旧工事」、二〇頁。
(2)王祖毅「水石激戦—中日海底電纜緑華山段再埋設目撃記—」『航海』一九八八—二、上海市航海学会、一二〜一三頁。
(3)『読売新聞』東京朝刊、一九八七年七月一三日。
(4)一九八七年一〇月二六日受付、上海市郵電管理局副局長呉如森→KDD小林好平、「中日海纜第六次特別会議人員名単」。
(5)五章注(16)に同じ。
(6)前掲『上海郵電志』、五八八頁。
(7)「日本・中国間ケーブル(ECSC)の運用停止について」(KDDI報道資料一九九七—一四四、一九九七年一二月二五日)。
(8)日中間を初めて光ケーブルで結んだCJ FOSCの布設工事は一九九三年一月に始まった。日本側はKCSがケーブル布設船KOLを使って、四台の中継器と、五七四キロにおよぶケーブルを布設し、中国側は中国海底電纜公司が郵電一号を使って中継器五台、五八〇キロ(埋設区間約五〇五キロ)のケーブルの布設・埋設をおこなった。およそ七ヵ月の工事を経て、八月六日に最終接続がおこなわれ、工事が完了した。その後のシステム試験では問題は見られず、一二月一五日には開通した(KDD海底線部「日中光海底ケーブル」『KDDテクニカルジャーナル』一七、一九九四年、二四～二五頁）。

（9）ＫＤＤ海底線部、前掲「日中光海底ケーブル」、二四～二五頁。

（10）二〇一二年六月一六日、苓北町郷土資料館でおこなった寺澤一幸へのインタビューによる。

（11）『読売新聞』東京朝刊、一九九五年一二月二〇日。

（12）『毎日新聞』西部朝刊、一九九六年一月二六日。

（13）一九九九年一二月二日には伝送容量40Gbps のＳＥＡ-ＭＥ-ＷＥ３（東南アジア―中東―西欧を結ぶ）運用も開始された。

（14）前掲、「日本・中国間ケーブル（ＥＣＳＣ）の運用停止について」。

（15）苓北町中心街にあった旧ＫＤＤ独身寮は、国から工事費、備品購入費の補助金を得て改修され、二〇一一年四月に地域福祉の拠点を目指す「新ふれあい館」として再生利用されている。

（16）「日中ケーブルの東京大学地震研究所への譲渡について」（ＫＤＤ報道資料一九九八―〇七九、一九九八年一一月二七日）。

（17）プロローグ注（12）に同じ。

エピローグ――日本の技術的成果と中国の政治的意義

（1）『読売新聞』夕刊、一九七四年四月八日。

（2）前掲『ＫＤＤ社史／資料編』、一九〇頁。

あとがき

本書は、日中共同声明発表四〇周年を記念して企画され、日本の郵政大臣と中国の電信総局長との間で一九七三年五月四日に締結された「日本・中国間海底ケーブル建設に関する取極」四〇周年の年に刊行する予定だったが、諸般の事情から一年以上遅れてしまった。関係者のみなさんにはご容赦いただければ幸いである。

この「取極」締結から四〇年あまりが過ぎた現在、日中国交正常化初期の記録・記憶化が避けられない重要な課題であることが認知されるようになっている。本書が取り上げた日中間海底ケーブル建設事業を通じて、「戦後」認識のずれから始まった日中国交正常化の時代において、双方がいかに忍耐強くその関係を構築していったかについて、たとえ断片的であっても感じていただけたと思う。二一世紀における日中間の「競争的共存関係」を構築するうえでも、この課題を検証する作業が必要であり、あわせて本書が示した歴史的教訓から未来への道筋を考察する材料を汲んでいただければと願っている。

＊二〇世紀前半の日中関係における「競争的共存関係」の諸側面については、貴志俊彦・谷垣真理子・深町英夫編

『模索する近代日中関係—対話と競存の時代—』東京大学出版会、二〇〇九年）を参照いただきたい。

それにしても本書の調査・執筆過程で、日中双方の関係者の多くから、いまでもこの日中間海底ケーブル建設事業が、日中友好の成果であるとの言葉を繰り返しうかがえたことは、現在の日中関係のきしみのただ中にいる研究者のひとりとして、とりわけ感銘を受けた経験であった。

本書の刊行は、そうした日中双方の関係者の協力ぬきには実現しなかったことは強調しておきたい。この事業について自身が携わった業務を中心に話していただいたわけだが、なかには海底ケーブルの技術面でのレクチュアをしてくださる方、当時の資料を提供してくださる方、あらたな情報提供者を紹介してくださる方もいて、こうした多くの方々が本書執筆を後押ししてくださった。とりわけ、この事業をめぐって、日本側は旧ＫＤＤ、ＫＣＳ関係者、中国側は旧郵電部、上海市郵電管理局の関係者にインタビューを実施することを通じて、失われた資料・報告書を補完するだけでなく、文書資料にも記載されていない事実を断片的ながらも明らかにできたことは、消えつつある記憶に対するわずかばかりの貢献になりえたのではないかと思っている。

ともかくも、日中双方の関係者の協力的な姿勢が、筆者をして、心血が注がれた日中共同事業の全貌を明らかにするという使命感に駆り立てることになった。ご協力いただいたひとりひとりに御礼のことばを伝えたいところだが、お名前を列挙させていただくことで、感謝の気持ちとさせていただきたい。関係者からの口述資料、文字資料が本書に少しでも活かすことができておれば幸いである。

ただし、日中双方とも、語られなかった事実、忘却された出来事も多かったことは間違いない。守秘義務の内容はもとより、専門に特化、分業された事業ゆえ、他機関、他部局の動静の把握は容易ではなかった。本文でも指摘したとおり、日中間海底ケーブル建設事業は、布設・埋設という作業以外に、日中両国間の交渉、海底ケーブルの運用・保全・修復、機器などの製造・購入・決算、人材育成など、多岐にわたる専門的な業務があり、これらに付随する事務的作業ぬきには成立しえなかった。筆者がお会いできた数少ない関係者の多くは技術者であったし、残された報告書類も技術関係の情報が中心であったために、国際交渉の微妙な内容、布設後の海底ケーブルの運用や保全、事業にまつわる資金的流れなどについては解明できたとはいいがたい。これが本書の課題であると自覚している。

ともあれ、本書を通じて、戦後の日本とアジア諸地域、さらには世界各地との間で通信インフラがいかに整備されていったのか、それはいかなる世界観、技術、政策に立脚するものであったかを解明することの重要性は理解いただけたと思う。こうした重要な社会基盤である通信インフラの整備過程を明らかにするためには、公開されている資料が不足していることも事実である。行政、企業、大学、一般社会であれ、歴史を後世に伝えていくことは、ひとつの時代にとって避けられないミッションなのである。公文書のみならず、企業文書や個人文書を残す工夫がもっとはかられてよい。情報化時代を迎えた二〇世紀に残された記録や記憶を通じて、その後の国家や社会、さらには集団や個人生活にどのような影響を与えてきたのか、言論や表現の自由や検閲の問題とも絡めて、今後とも注視していく必要がある。

なお、日中間海底ケーブルの建設が国交正常化の産物であるとすれば、日華断交後の一九七九年に建設されたOKITAIケーブル（沖縄—台湾）は一九七〇年代のもうひとつの産物である。このOKITAIケーブルの建設について執筆を進めつつあるが、記録も記憶も乏しいのが頭痛の種である。

二〇一四年九月

貴　志　俊　彦

【謝辞】　本書執筆にあたって、多くの方々にインタビューや資料の提供など、さまざまな面でご指導、ご協力を賜りました。ここに謹んで深甚なる敬意と謝意を表します。

◎日本側：（旧KDD）亀田治、新納康彦、石川恭久、織間政美、永田秀夫、吉田和男、石原英雄、松本一夫、江幡篤士、佐藤正紀、水野義明、高橋春雄、（KCS）矢田部亮一、（商船三井）吉田実、（早川運輸）早田孝一、福島和彦、（OCC）田巻八郎、（NTT）石川慶一、（KDDI）桑水流正邦、（苓北町郷土資料館）寺澤一幸、（天草漁業協同組合）柗野重幸、角岡正一、（岩波映像）永井美也子

◎中国側：（旧郵電部）趙永源、（旧上海市郵電管理局）張徳忠、王渭漁、蔡海民、汪義舟、王建平、（中国電信上海公司）姜新民、（中国海底電纜建設有限公司）江偉、楊衛華、薛蓓蓉、（中国聯通）葉秋中

主要参考文献

1. 日本文

国会・衆議院／参議院　一九七二～一九七四、一九七七、一九八〇『逓信委員会（会）議録』大蔵省印刷局
郵政省／総務省郵政事業庁　一九七四～一九九八『昭和四八年版～平成九年版　通信白書』大蔵省印刷局／総務省
村　井　雄　一九七三「日中海底ケーブル取り決めの意義　日中間に太い意思疎通の絆」『世界週報』一九七三年五月二九日
郵政省・国際電信電話㈱　一九七四『昭和四七年度　衛星通信年報』
永　田　秀　夫　一九七三『日中間海底ケーブル中国側実施海洋調査立会乗船出張ノート』
永　田　秀　夫　一九七六・五―七『工事作業敷設メモ』（手稿）
永　田　秀　夫　一九七六『議事録（一九七三―一九七四）』その一・二（手稿）
国際ケーブル・シップ株式会社　一九七六『ＫＣＳ一〇年のあゆみ』ＫＣＳ所蔵
国際ケーブル・シップ株式会社　一九七六『日中間海底ケーブル海洋部敷設工事および日本側陸揚工事実施要領書』ＫＣＳ所蔵
国際ケーブル・シップ株式会社　一九七六・九『日中間海底ケーブル海洋部敷設工事および日本側陸揚工事実施報告書』ＫＣＳ所蔵
国際ケーブル・シップ株式会社　一九七六『日中間海底ケーブル敷設工事記録』ＫＣＳ所蔵
佐　藤　正　紀　一九七六・七「海外出張報告」

徳江正・佐藤正紀・野本勇　一九七六「日中間海底ケーブル海洋部第二次布設時における南匯局の電気的布設作業」
徳江正・佐藤正紀・野本勇他　一九七六「日中間海底ケーブル海洋部第三次布設時における南匯局の電気的布設作業」
国際電信電話株式会社　一九七七「特集記事：日中間海底ケーブルの建設」『国際通信の研究』九二
本郷馨他　一九七七「日中海底ケーブルシステム（ＣＳ-５Ｍシステム）」『日本電気技術』一二〇
池田忠俊他　一九七八「日中間海底ケーブル方式」『FUJITSU』二九―二
志村静一・亀田治　一九七八「総合報告：日中間海底ケーブル」『電子通信学会誌』六一―五
志村静一監修　一九七八『海底同軸ケーブル通信方式』社団法人電信通信学会
志村静一編著　一九七九『国際海底ケーブル通信』ＫＥＣ
国際電信電話株式会社　一九七九『国際電信電話株式会社二五年史』
村上康憲・元松和利　一九七九「日中間海底ケーブルシステム二年間の実績」『国際通信の研究』一〇一
国会・参議院　一九七九『決算委員会会議録』
石原英雄　一九八三「海底ケーブル伝送路の信頼性確保と水中ロボット」『国際通信に関する諸問題』一九八三―一二
小林好平・石原英雄他　一九八七「日中間海底ケーブル復旧工事」『国際通信の研究』一三三
小林好平　一九八七「日中間海底ケーブル復旧のあゆみ」『国際通信に関する諸問題』三三―四
国際電信電話株式会社　一九八七　パンフレット『日本と中国をむすぶ国際通信幹線基地　ＫＤＤ苓北海底線中継所』ＫＤＤ
国際電信電話株式会社　一九九〇　パンフレット『ＫＤＤ苓北海底線中継所』ＫＤＤ
王渭漁　一九九二「日中海底ケーブルの揺籃期」『うなばら』六
牧野康夫　一九九四「日中海底ケーブル建設取極顛末記」『うなばら』一一

KDD社史編纂委員会編　二〇〇一　『KDD社史』『KDD社史／資料編』KDDクリエイティブ
宮川岸雄　二〇〇二　『海底同軸ケーブルを世界に拡めた二五年』アクセス日本社
海底線同友会　二〇〇三　『わが国の海底同軸ケーブル通信技術』
田畑光永　二〇〇三　「一九七二年九月二五日―二八日の北京」（石井明他編『記録と考証　日中国交正常化・日中平和友好条約締結交渉』岩波書店）
片岡千賀之　二〇〇六　「あんこう網漁業の発達：有明海での生成と朝鮮海出漁」『長崎大学水産学部研究報告』八七
春原昭彦　二〇〇八　「日中国交回復の取材」『新聞研究』六八二
片岡千賀之　二〇一〇　「以西底曳漁業の戦後史Ⅱ」『長崎大学水産学部研究報告』九一
毛利亜樹　二〇一一　「法による権力政治―現代海洋法秩序の展開と中国―」日本国際問題研究所平成二三年度『中国外交の問題領域別分析研究会報告書』
貴志俊彦編　二〇一三　『亀田治メモランダム（旧KDD同軸海底ケーブル建設事業覚書）』（CIAS Discussion Paper Series No.29）、京都大学地域研究統合情報センター

2．中国語文

上海市郵電管理局海纜弁公室　一九八一　『徳平号船、郵電一号船巡邏和宣伝的情況』、KCS所蔵
上海市郵電管理局海纜弁公室　一九八一　『東海海区漁船作業方式和使用漁具的調査資料』、KCS所蔵
上海市郵電管理局・国際電信電話股份有限公司　一九八五　「中日間海底電纜系統恢復工程施工設計書（草案）」、KCS所蔵
王祖毅　一九八八　「水不激戦―中日海底電纜緑華山段再埋設目撃記―」『航海』一九八八―二
《当代中国》叢書編集部編　一九九三　『当代中国的郵電事業』当代中国出版社

徐志超・程錫元他主編　一九九九　『上海郵電志』（上海市専志系列叢刊）、上海社会科学院出版社
崔　燕　二〇一〇「中国〝郵電一号〟布電纜船」『中国船検』二〇一〇―一
《上海電信史》編委会編　二〇一三　『上海電信史』第二、三巻、上海人民出版社
《上海電信史》編委会編　二〇一三　『上海電信簡史』上海人民出版社

3．写真・映像資料

国際電信電話株式会社企画、北条美樹監督、岩波映画製作　一九七六　「日中海底ケーブル」
永田秀夫　一九七六　写真アルバム『日中同軸海底ケーブルの敷設工事』
個人所蔵写真（吉田実、王渭漁、永田秀夫、新納康彦）

情報覇権と帝国日本　全2巻

各四七〇〇円　四六判・平均五八四頁

有山輝雄著

Ⅰ海底ケーブルと通信社の誕生

西欧列強は植民地拡大とともに情報網の覇権を競い、その拡張の矛先は極東にも向かった。開国した日本も否応なくその勢力圏に組み込まれ、海底電線の上陸に直面する。日清・日露戦争～第一次世界大戦を背景に、国家間の力関係を左右する国際ニュースの配信と、通信社発足のために格闘した帝国日本の挑戦を、技術革新とメディア組織の両面から描く。

Ⅱ通信技術の拡大と宣伝戦

第一次世界大戦後、国際メディアの主役はヨーロッパ列強から新興帝国アメリカへと移り、無線通信の発達によって、通信自主権をめぐる熾烈な争奪戦は複雑化した。東アジアにおける利権獲得に向けた帝国日本の挑戦と軍事的敗北による挫折までを描き出し、現在も国際政治の争点となり続けている、情報の国際的不均衡という問題の根幹を浮き彫りにする。

満洲国のビジュアル・メディア

ポスター・絵はがき・切手

貴志俊彦著

A5判・二五六頁・原色口絵八頁

二八〇〇円

昭和初期の日本人がロマンを求めた幻想の王道楽土「満洲国」。一国家として、いかに自らの存在を国の内外へアピールし、認知させようとしたのか。記念行事や祝祭に発行・配布・掲示された、ポスター、伝単（宣伝ビラ）、絵はがき、切手などの豊富な図版を集成。建国から消滅までをメディア戦略の側面から検証し、新たな満洲国のイメージを描き出す。

二〇世紀満洲歴史事典

貴志俊彦・松重充浩・松村史紀編

菊判・八三二頁・原色口絵八頁

一四〇〇〇円

日本人の記憶の中に生き続け、今なおさまざまな憶測や見解で語られる満洲。一九世紀末から東北地方政権・満洲国・中華人民共和国による統治まで、政治・経済・環境・民族・文化など幅広い分野から八〇〇項目余を厳選し収録。最新の研究成果を取り入れ、豊富な図版を交えて平易に解説する。東北アジアの歴史もふまえ、二〇世紀満洲の全体像に迫る。

著者略歴

一九五九年　兵庫県に生まれる

一九九三年　広島大学大学院文学研究科博士課程後期単位取得満期退学

現在　京都大学地域研究統合情報センター教授、日本学術会議第二三期連携会員

〈主要著書〉

『模索する近代日中関係—対話と競存の時代—』（共編著、東京大学出版会、二〇〇九年）、『近代アジアの自画像と他者—地域社会と「外国人」問題—』（編著、京都大学学術出版会、二〇一一年）、『二〇世紀満洲歴史事典』（共編著、吉川弘文館、二〇一二年）、『東アジア流行歌アワー—越境する音　交錯する音楽人—』（単著、岩波書店、二〇一三年）

日中間海底ケーブルの戦後史
—国交正常化と通信の再生—

二〇一五年（平成二十七）二月一日　第一刷発行

著　者　貴《き》志《し》俊《とし》彦《ひこ》

発行者　吉川道郎

発行所　株式会社 吉川弘文館

郵便番号一一三—〇〇三三
東京都文京区本郷七丁目二番八号
電話〇三—三八一三—九一五一〈代表〉
振替口座〇〇一〇〇—五—二四四番
http://www.yoshikawa-k.co.jp/

印刷＝亜細亜印刷株式会社
製本＝株式会社　ブックアート
装幀＝河村　誠

ISBN978-4-642-08267-9

索　引

あ　行

か　行

さ　行

た　行

な　行

は　行

ま　行

や　行

ら　行

図 版 一 覧

関 連 年 表

年	月日	日中間通信関係事項	関 連 事 項
1948	11. 15	大阪～上海間無線電信回線再開	
1953	4. 1		国際電信電話株式会社（KDD）業務開始
1955	4. 15		日中漁業協定締結
1958	3. 20	東京～北京間無線電話，写真電信回線開通（1回線）	
1959	5. 4		電気通信東京会議，東南アジア海底ケーブル（SAFEC）の発表
1961	4. 1		KDD 海底線建設部設置（日米海底線調査部を改称）構想発表
1962	4. 24		東南アジア海底ケーブル会議，東京で開催（～4. 28）
	11. 9		日中 LT 貿易開始
1964	6. 19		TPC－1 開通
1965	4. 6		インテルサットⅠによる国際衛星通信サービス開始
	9. 6	東京～北京間無線写真電信回線を SSB 方式に変更	
	12. 17		第2次日中民間漁業協定（発効は 12. 23）
1966	3. 1		国際ケーブル・シップ㈱（KCS）設立
	5. 16		文化大革命勃発（～1976. 10. 6）
1967	2. 25		ケーブルシップ進水，KDD 丸と命名
	3. 6		日中 MT 貿易開始
1969	7. 25		日本海ケーブル（JASC）開通
1972	1. 23		インテルサットⅣ（F－4）太平洋上に打上げ
	2. 21		米国大統領の訪中にともなう臨時回線設定（～3. 1）
	2. 14		茨城衛星通信所第3施設，インテルサットⅣ（F－4）に移行切替え

年	月日	日中間通信関係事項	関連事項
	8. 16	対中国国際通信対策本部設置（～11. 12）	
	8. 22	国際電気通信訪中団北京訪問（北京地球局設定について中国と合意）（～9. 2）	
	9. 22	北京に設置の可搬型地球局運用開始	
	9. 25	田中角栄首相訪中にともなう特別通信対策実施	
	10. 1	東京～北京間で衛星通信の利用開始 東京～上海間写真電信回線（短波）開設運用開始 東京～上海間電話回線（短波）開設	
	10. 5	日中間海底ケーブル建設についての折衝のため板野学副社長訪中（～10. 16）	
	10. 19	東京～北京間電信回線（衛星）2回線開設 大阪～上海間電信回線（短波）2回線開設	
	12. 5	東京～北京間電信回線（衛星）3回線開設	
	12. 22	沖縄陸揚候補地第1次調査実施（～12. 28）	
1973	1. 8	中国から海底ケーブル視察団来日（～2. 5）	
	1. 30	日本・中国間国際テレックス業務開始	
	3. 22	中国電信総局鐘夫翔局長ら，東京会談のため来日（～4. 8）	
	4. 3	大阪～上海間電信回線を東京～上海間に変更，自動運用を実施	
	4. 15	東京・北京間，東京～上海（無線）間回線経由中国発日本着信の料金対話者払い通話およびクレジットカード通話の取扱開始	

年	月日	日中間通信関係事項	関連事項
	4. 28	久野郵政大臣ら北京訪問（～5. 7）	
	5. 4	「日本・中国間海底ケーブル建設に関する取極」北京において署名	
	6. 1	日中間海底ケーブル建設委員会設置（～8. 29）	
	6. 11	第1回日中間海底ケーブル建設当事者会議，上海で開催 (1976. 10までに6回開催)	中国の電信総局が郵電部に改組
	6. –	中国側は，陸揚地を上海市南匯県に決定	
	7. 27	東京～北京間衛星回線を用いて，レターホンの通信試験実施	
	7. 28	東京～北京間衛星回線を用いて，グラフタイパの対向試験実施	
	8. 29		KDD，海底ケーブル建設委員会を設置
	10. 15	東京～上海間無線電話回線2回線，衛星回線（上海地球局経由）へ移設（合計衛星2回線），東京～上海間無線写真電信回線1回線を衛星回線へ移設（合計衛星1回線）	
	10. 17	東京～上海間無線電話回線4回線を衛星回線（上海地球局経由）へ移設（合計衛星4回線）	
	10. 21	KDDによる外洋部海洋調査実施（～11. 4）	
	10. 30	中国側，第1回海洋調査（～11. 3）	
	11. 9	中国側，第2回海洋調査（～11. 11）	
	12. 12	第2回日中間海底ケーブル建設当事者会議（～12. 24）	
	12. 17	KDDによる近海部海洋調査実施（～1. 15）	
	12. 20	KDDによる沿岸部海洋調査実施（～12. 26）	
	12. 20	日本側は，陸揚地を熊本県天草郡	

年	月日	日中間通信関係事項	関 連 事 項
		苓北町に決定	
1974	1. 5		日中貿易協定締結（発効は6. 22）
	2. 10	中国との国際テレックス回線として東京～香港間経由回線を追加	
	3. 16	「日中間海底ケーブル布設に伴う技術情報の取扱いに関する協定」の発効	
	3. 25	第3回日中間海底ケーブル建設当事者会議（～4. 8）	
	4. 9	第1回日中間海底ケーブル業務専門家会議・技術専門家会議	
	4. 20		日中航空協定締結（発効は5. 2）
	5. 15	日中間海底ケーブル関係諸設備の仕様書取扱方法の決定・実施	
	5. 29	「日中間海底ケーブル建設保守協定」締結，発効	
	6. 3	第2回日中間海底ケーブル業務専門家会議	
	6. 14		KDD 海底線調査室廃止→海底線建設本部設置
	6. 24	日中間海底ケーブル第2次海洋調査実施（～7. 16）	
	9. 17	第3回日中間海底ケーブル業務専門家会議	
	9. 19	同上，技術分科会を併行して開催	
	11. 13		日中海運協定締結（発効は1975. 6. 4）
	11. 14	日中間海底ケーブル用機材発注契約締結	
	11. 26	第2回日中間海底ケーブル技術専門家会議（～12. 3）	
	11. 30		TPC-2，全工事完了
	12. 12	有線電気通信法に基づく日中間海底ケーブルの設置認可	
1975	1. 16	第4回日中間海底ケーブル建設当事者会議（～2. 6）	
	2. 6	第2次システム設計書（技術設計）署名	

年	月日	日中間通信関係事項	関連事項
	4. 2	日本側，漁業補償の交渉終了	
	4. 8	第3回日中間海底ケーブル技術専門家会議（～4.16）	
	4.14	苓北海底線中継所起工式	
	4.23	上海で開催中の第4回日中間海底ケーブル業務専門家会議：建設費概算の協議，合意に達す	
	6.27	日中ケーブル 中国検査班 来日	
	7.23	第4回日中間海底ケーブル技術専門家会議（～8/5）	
	8.15		日中漁業協定（旧）
	11.17	苓北海底線中継所建設工事事務所設置	
	12. 2	第5回日中間海底ケーブル建設当事者会議，上海にて開催（～12.15）	
	12. 3		TPC-2完成し，沖縄海底線中継所開所披露
	12.10	苓北海底線中継所局舎完成	
	12.12	SPTの接続訓練受講者帰国	
1976	1.-	PR映画「日中海底ケーブル」製作開始（岩波映像）	
	4. 9	中国側，陸揚・布設工事開始（～4.15）	
	4.13	第5回日中間海底ケーブル技術専門家会議（～4.22）	
	5.20	日本側，海底ケーブル布設開始（～7.4工事完了）	
	6.18	苓北でのケーブル陸揚工事が終了	
	7. 2	苓北局国内連絡線工事完了	
	7. 4	日中間海底ケーブル布設工事完了	
	7.24	第6回日中間海底ケーブル技術専門家会議（～8.5）	
	7.25	電気的布設工事完了	
	7.29	中国側端局設備工事完了	
	7.31	上海市郵電管理局の4名，苓北陸揚局を視察	
	8.25	苓北～南匯間の海底ケーブルシス	

年	月日	日中間通信関係事項	関 連 事 項
		テム総合試験終了（7.26～）	
	9. 6	東京～上海間の伝送路試験を開始（KDD 回線統制部主管）	
	9. 9		毛沢東中国主席逝去にともなう特別通信対策実施（～9.19）
	9.13	苓北海底線中継所開所（9.19開所式）	
	9.29	第6回日中間海底ケーブル当事者会議（～10.8）：全体会議，技術部会	
	10. 6		中国で文化大革命終束
	10.25	日中間海底ケーブル開通式，東京と北京で挙行（7.26～） 東京～上海間テレックス・電話回線の開設，東京～北京間電話回線開通（ケーブル2回線）	
1977	8.26		沖縄～ルソン～香港間海底ケーブル（OLUHO）開通（～1997.6.27）
	11. 1	第1回日中間海底ケーブル保守会議，上海市で開催（～11.9）	
1978	3.23		上海市郵電管理局革命委員会が上海市郵電管理局に改称
	8.12		日中平和友好条約締結
	10.22	鄧小平副首相来日（～10.29）にともなう特別行事国際通信対策	
	10.11	第1回のケーブル障害が発生，全回線をインテルサットに切り替え	
1979	7.16		沖縄～台湾間海底ケーブル（OKITAI）開通（～1997）
	12. 4		KDD 事件により，警視庁，KDD 本社など家宅捜索
1980	1.22	第2回ケーブル障害発生	
	4. 7	第2回日中間海底ケーブル保守会議，東京で開催（～4.16）	
	5.16	第3回ケーブル障害発生	
	5.27		華国鋒，中国の首相として初めての来日（～6.1）
	9.24	第4回のケーブル障害発生	

年	月日	日中間通信関係事項	関 連 事 項
	9. 29	第5回のケーブル障害発生	
	10. 15	第3回日中間海底ケーブル保守会議（〜10. 21）	
	10. 30	第6回のケーブル障害発生	
	11. 28		日韓ケーブル開通（〜1979. 6. 27）
	12.　3	第1回日中閣僚会議開催（北京）にともなう特別行事国際通信対策を実施（〜12. 5）	
1981	1. 20	第4回日中間海底ケーブル保守会議，東京で開催（〜1. 30）	
	6. -	日中間海底ケーブルが運用停止	
	12.　1		東京〜広州間テレックス回線開設（〜11. 24）
1982	5. 31	趙紫陽首相来日（〜6. 5）にともなう特別行事国際通信対策実施	
	9. 26	鈴木首相訪中にともなう特別通信対策実施（〜10. 1）	
1983	6.　4	第1次ケーブル・中継器回収工事（〜7. 9）	
	9.　1		KDD 北京事務所開設
	10. 19	第1回日中間海底ケーブル復旧に関する専門家会議	
1984	3. 23	中曽根康弘首相の訪中にともなう特別通信対策実施	
	10. 15		第1回 KDD 幹部訪中団を派遣
	12. 18		沖縄ケーブル運用開始（〜1997. 6. 27）
1985	3. -	第5回日中間海底ケーブル復旧に関する専門家会議（〜5. 31）	
1986	5. 21	日中間海底ケーブル復旧工事開始	
	10.　1	中国あて ISD 通話サービス開始（当初は北京，上海など5都市）	
	10. 25	日中間海底ケーブル復旧，運用再開	
	12.　1		KDD 上海事務所開設
1990	8. 13	日中間光海底ケーブル建設および中国ディジタル衛星通信設備「IBS 用都市型地球局」設置に関	

年	月日	日中間通信関係事項	関 連 事 項
		する覚書締結	
1991	2. 5		KDDと中国郵電部との人的交流を中心とした国際電気通信分野での交流に関する覚書を締結
	12. 24	日中間光海底ケーブル建設保守協定締結（北京人民大会堂）	
1992	10. 23		日中国交正常化20周年，天皇が中国訪問（～10. 28）
1993	9. 3		アジア太平洋ケーブル（APCケーブル）の運用開始
	12. 15	日中間光海底ケーブル（CJ FOSC）運用開始	
1995	7. 24		日本海ケーブル（JASC）運用停止
1996	3. 1	苓北局を無人化	
	12. 31		アジア太平洋ケーブルネットワーク（APCN）全区間運用開始
1997	11. 11		日中漁業協定（新）（発効は2000. 6. 1）
	11. 22		FLAG（アジア～欧州間）ケーブル運用開始
	12. 31	日中間海底ケーブル（ECSC）の運用停止	
1998	11. 27	日中間海底ケーブルを東京大学地震研究所等へ譲渡	
1999	12. 2		東南アジア～中東～西欧を結ぶ光海底ケーブル（SEA-ME-WE 3）の運用開始

（出典）『国際電信電話株式会社25年史』（国際電信電話株式会社，1979年），KDD社史編纂委員会編『KDD社史／資料編』（KDDクリエイティブ，2001年）など．